陈春海／著

不烦恼：

让你拥有幸福的24堂人生课

中国大焦虑时代不烦恼的修心正能量
抚慰心灵的圣经，最接地气的生活幸福宝典

中央编译出版社
CCTP Central Compilation & Translation Press

图书在版编目（CIP）数据

　　不烦恼：让你拥有幸福的 24 堂人生课 / 陈春海著 . —北京：
中央编译出版社，2015.1
　　ISBN 978－7－5117－2397－0

　　Ⅰ.①不…　Ⅱ.①陈…　Ⅲ.①人生哲学－通俗
读物　Ⅳ.① B821-49

　　中国版本图书馆 CIP 数据核字（2014）第 260081 号

不烦恼：让你拥有幸福的 24 堂人生课

出　版　人：刘明清
出版统筹：董　巍
策划编辑：黄海明
责任编辑：曲建文
责任印制：尹　珺
出版发行：中央编译出版社
地　　　址：北京西城区车公庄大街乙 5 号鸿儒大厦 B 座（100044）
电　　　话：(010) 52612345 (总编室)　　　(010) 52612363 (编辑室)
　　　　　　(010) 52612316 (发行部)　　　(010) 52612317 (网络销售)
　　　　　　(010) 52612346 (馆配部)　　　(010) 66509618 (读者服务部)
传　　　真：(010) 66515838
经　　　销：全国新华书店
印　　　刷：香河县宏润印刷有限公司
开　　　本：880 毫米 ×1230 毫米　1/32
字　　　数：120 千字
印　　　张：8.5
版　　　次：2015 年 1 月第 1 版第 1 次印刷
定　　　价：32.00 元

网　　　址：www.cctphome.com　　　邮　　箱：cctp@cctphome.com
新浪微博：@中央编译出版社　　　微　　信：中央编译出版社（ID：cctphome）
淘宝店铺：中央编译出版社直销店（http://shop108367160.taobao.com）

本社常年法律顾问：北京市吴栾赵阎律师事务所律师　闫军　梁勤
凡有印装质量问题，本社负责调换。电话：010-66509618

平静地面对烦恼

　　人有时会快乐，但有时也会烦恼。是的，人生总徘徊在快乐与烦恼之间，谁能说自己不曾有过烦恼呢？谁也不能保证自己从今以后不会再遇到烦恼。生活中会有烦恼，事业上也会有烦恼，好像在我们周遭有摆脱不掉的烦恼。这时，人们往往会陷入烦恼的深渊，不能自拔。

　　烦恼是一种消极的情绪，它能生出愁苦，生出忧伤，生出悲观，生出惆怅，甚至生出绝望。有时，它像一团火，会越烧越烈；有时，它又像一团麻，越理越乱。陷入烦恼的日子不好过，就像生了病，中了毒，日日夜夜饱受烦恼的折磨。虽然有时烦恼也能引发人们的深思，但更多的时候它会使人意志消沉、颓废悲观，甚至会恶化自己与周围人的关系。

而当你走出烦恼回头再看时，就会发现生活中并没有那么多烦恼，许多烦恼都是我们自己寻来的，都是我们给自己套上的精神枷锁。所谓"自寻烦恼"就是这个道理。比如：人们常常会因为一件很不起眼的小事而烦恼不已，忧愁不堪。可事过境迁，再回头看时，连自己都觉得可笑，为什么自己会被这种根本不值得一提的小事而烦恼那么长时间呢？这就是当局者迷。陷入烦恼的人往往看不清事实，因而难以自拔。

　　烦恼像一个陷阱，稍有不慎就会深陷其中。许多人很小心翼翼地走路，以期不掉入烦恼的陷阱，但往往是徒劳费力。因为他们不知道烦恼并不在现实中，而是在自己的心里。想要摆脱烦恼，或从烦恼中挣脱出来，只有一个办法，那就是平静地面对烦恼。

　　拥有一颗平常心，烦恼就无处生根。什么是平常心？就是面对世间纷繁的琐事，能以一颗淡然的心去面对。淡泊本身就是迷茫中的一种理智，一种豁达大度的宽广胸怀，一种治疗烦恼的灵丹妙药。古语云："淡泊以明志，宁静以致远。"唯有淡泊，才能使人净化灵魂、升华境界，才能使人摆脱烦恼、避免沉沦。学会淡泊，用大度代替自私，用自信代替自卑，用勇气代替恐惧，用信念代替妒忌，用乐观代替忧伤，你会自然而然地摆脱烦恼，获得心灵的宁静，你就会不断地超越自我，走向一个又一个新境界。

人们在现实中接触到的、感受到的不一定都是七彩阳光，人生中失意的事、不公平的事、无可奈何的事多得数都数不过来。当遇到这些烦恼的时候，愚蠢的人便情绪低落、悲观失望，甚至消极沉沦、浑浑噩噩地游戏人生；聪明的人则会留一分清醒，存一分超然，超越烦恼，超越自我，从无休止的名利追逐中逃脱出来。

解救自己的最高境界，就是在逆境中奋起。在人生的长河中，每个人都有身处逆境之时，只是程度不同、表现不一罢了。在身处逆境时，如果消极面对，就会自怨自艾、一事无成；如果积极对待，就会欣慰超然、激励人生。学会解脱，是攀登高峰的阶梯，是通向成功的铺路石，是人生中一笔丰厚而宝贵的财富。学会解脱，是一种人生态度，是一种道德修养，是一种学识智慧，它将永远属于那些热爱生活的人们。

目录
CONTENTS

第一部分
世间本无事，烦恼都是自找的

不妨坦荡地面对自己，坦荡地面对生活，剔除一些不必要的烦恼，放下一些无谓的欲求。当面临烦恼或是困境时，这是审视自我的最佳时间，可以抛开一切，做一个原始的本我，看清楚真实的自己，仔细想想，这生活并没有什么真正的痛苦不堪，所谓烦恼只是我们内心的感受不同而已。

Part1　你为什么烦恼，找出你烦恼的根源

第二部分
正视烦恼，然后才能消除烦恼

人活一世，草木一秋，如梦如幻，岁月飘零。人活的就是一种心情，不管成也好，败也好，爱也罢，恨也罢，不过都是过眼烟云。与其烦恼重重，困扰今生，不如让自己真真正正地笑一回，珍惜现在所有的所有、珍爱自己曾经的曾经，开心地一笑，投入地一笑。

第三部分
把心放宽，烦恼自然无处生根

宽广的胸怀是一种爱，更是一种智慧。它能够化解一切愁苦烦恼，能够让别人愉悦、自己快乐。如果你的心不够宽广，那么你之所见就是狭隘的，烦恼自然会从你的内心生出；如果你的心是宽广的，那么你之所见就是豁达的，烦恼自然无处生根。

第四部分
不烦恼，才能拥有幸福的人生

人生如寄，一切都将过去，没有人能在岁月的苍穹里划一道不灭的痕迹。不管你是意气风发，还是平淡落寞，都将被收罗在历史的尘埃中。流云过千山，本就一场梦幻，只要不被生活的烦恼笼罩，活着就是微笑。

1

第一部分

世间本无事，
烦恼都是自找的

从前，有位比丘，每次坐禅都无法安定下来，总觉得有一只大蜘蛛给他捣乱，无论怎样也赶不走。为此他感觉十分烦恼，于是他把这件事告诉了师父。师父让他下次坐禅时拿一支笔，等蜘蛛来了在它身上画个记号。于是，比丘照做了，他在蜘蛛身上画了一个大大的圆圈，心想：这回可算逮住你了。然后他睁开眼睛一看，那个圆圈竟然画在了自己的肚皮上。

　　我们可能会嘲笑这位比丘，但仔细想想，我们不也经常会犯比丘这样的错误吗？经常会莫名地感觉烦恼不已，而常常将这种烦恼推脱给他人或外物，殊不知问题就在自己身上。天下本无事，庸人自扰之。其实，世间所有的烦恼都来自我们的心。

Part1

你为什么烦恼，找出你烦恼的根源

　　一个欲望就像一条鸿沟，当一个欲望得到满足时，另一个更大的欲望就会随之产生，这条鸿沟是永远都难以填平的。于是，我们的生活就是不断地填沟，填完了一个沟再填一个更大的沟，没有尽头。

01 欲望不断，注定烦恼不断

很多时候，你发现自己心情很差，状态很糟，陷入了一种莫名的烦恼中。你试图摆脱这种烦恼，却不知如何摆脱。它像一个魔咒一样缠住了你，这时不要慌，静下心，努力找出产生烦恼的根源，然后解决它。

研究表明，想得到的东西越多，由此产生的烦恼也就越多。欲望与烦恼是一对孪生姐妹，有欲望存在的地方就有烦恼。从前有一只狗，总喜欢追赶从门前经过的汽车。一天，它又在追赶经过门前的汽车时，狗的主人的朋友看见了，觉得很好奇，于是问狗的主人："你的狗真能追得上汽车吗？"狗的主人回答说："我不关心它是否追得上汽车，我是在想，如果它追上汽车以后，它的下一个目标是什么呢？"狗可能永远追不上汽车，所以它可能会一直好奇、烦恼。但如果它真的追上了汽车，烦恼就会随之消失吗？

欲望与渴望不同。一定时期内希望达成某一心愿或得到某一东西，这是人的渴望。但当愿望实现后，又期望得到更大、更多的时候，这就成了欲望。欲望像一棵疯狂生长的大树，一方面激励着我们不断地为之付出，另一方面则不断地吞噬着我们的理性，使我们为之疯狂。

欲望与理想不同。理想是理性的，是基于对现实的思考分析，并在此基础上对未来所做的合理估计；欲望则是凭空想象的，往往看重的是结果。虽然理想和欲望都能推动我们前进，但理想会使人满足，而欲望则使人越来越感到不满。

每一个欲望就像一条鸿沟，当一个欲望得到满足时，另一个更大的欲望就会随之产生，这条鸿沟是永远都难以填平的。于是，我们的生活就是不断地填沟，填完了一个沟再填一个更大的沟，没有尽头。

那么，欲望是如何产生的呢？欲望是人们内心对外界现状的不满，加之现实中的种种诱惑引导着人们做事，以致步入歧途。不可否认，在现实中我们的周围几乎处处都被诱惑包围着，名利、金钱、声色、权力等。为了过更好的生活，为了所谓的成功，我们不得不加倍地努力，去拼命、去追求，似乎我们的理由很充分。于是，我们马不停蹄地向前奔跑，为了我们心中的美好生活，付出我们的汗水和辛勤的劳动。一路上，我们的脚步从不停歇，想得到的东西越多，脚步就越快，脚步越快，烦恼就越多。结果常常是赚到了钱，但身体也累垮了。

虽然面对诱惑，很多人都难免冲动、浮躁，难以自制，但我们仍要时刻提醒自己不能屈从诱惑，要学会满足。欲望和烦恼总是成正比的，欲望越大，烦恼就越多。在欲望日渐膨胀的今天，消除欲望的方法就是不要将时间浪费在不断向外的追求中，而是不断地使内心丰富充盈。

02 告诉自己：世上没有完美的东西

一位三十多岁的男士，一直找不到女朋友，他为此很烦恼。一天，他来到一家婚姻介绍所，希望能在这里找到合适的伴侣。工作人员带他来到两扇大门前，他抬头一看，一扇门上写着"美丽的"，另一扇门上写着"不太美丽的"。他推开了"美丽的"门，又见到两扇门分别写着"年轻的"和"不太年轻的"。他推开了"年轻的"门，迎面又见到两扇门"善良温柔的"和"不太善良温柔的"。他又推开了"善良温柔的"门，又见到"有钱的"和"不太有钱的"……就这样他接连推开了"美丽的"、"年轻的"、"善良温柔的"、"有钱的"、"忠诚的"、"勤劳的"、"高学历的"七道门。当他推开最后一道门时，只见门上写着一行字："您追求的过于完美，这里已经没有再完美的了，请您到大街上去找吧。"原来他已经走到了婚介所的出口。

现实中，总有一些人像这位男士一样过于追求完美，结果把自己弄得烦恼不已、疲惫不堪。对待爱情是这样，对待工作和生活也是这样，结果不仅自己很劳累，而且把自己周围的人弄得很疲惫。这些人爱钻牛角尖，总是在一些事情上想要达到心中的完美，达不到时就会产生忧虑，于是整日忧心忡忡。

英国首相丘吉尔说："完美主义等于瘫痪。"完美主义，就好比是不结果实的花朵；完美主义者，很容易变成思想的巨人、行动的矮子。现实告诉我们，人生注定不会达到绝对完美的境地。事实上，绝对的完美也是不存在的。因为每个人理解和审视的标准不同，你觉得好的东西别人未必觉得好，你觉得不好的东西别人也未必觉得不好。所以，绝对意义上的完美是根本不存在的。

因此，不妨告诉自己：世上没有完美的东西。让自己放松，减轻压力，调整心态面对轻松的生活。尽管没有完美，但我们可以追求人生的完整，就好像攀登一座高峰一样，有的人勇敢地登上绝顶，尽情地抒发成功的喜悦；有的人则停在半山腰上，享受林间清新的空气，体会融身于自然的快乐；有的人则在山脚下的小溪边，与自然作更轻松的亲密接触。每个人都有自己的收获，每个人都有自己的感触。保持自己真实而高尚的心态，认真地对待自己的生活、工作和学习，尊敬所有爱你的对你有帮助的人，维护家庭的和睦，怀有一颗善良而正直的心，这就是完整的人生。

从另一个角度看，不完美也就是一种"完美"。就像维纳斯雕像一样，正是因为她的断臂才更衬托了她的美。因此，与其烦恼地追求所谓的完美，不如静下心来体味不完美中的"完美"吧。

一 03 不停地比较，烦恼就会不停地产生

老徐退休了，有一份不错的退休金，儿女也都成家立业，也都十分孝顺。按说他生活安逸，不应该有什么烦恼了，但老徐最近却十分苦恼。原来，老徐退休后时常去和院里的人下棋，经常听说谁的儿子当上了经理，谁的女儿嫁给了一个富翁，谁的女婿又开着什么样的豪华轿车……于是，老徐觉得这些事好像从来没有在自己家里发生过，心中便渐渐不平起来。开始时，他还只是跟自己过不去，每天心事重重的样子，后来他看到儿女们就越来越觉得他们不争气，开始唠唠叨叨，说谁家的孩子多么多么能干。久而久之，儿女们听厌了，也不经常去看他了。孤独的老徐这时就更苦恼了。

其实，老徐的烦恼很常见。人总是感觉所处的环境无法令人满意，而总是觉得别人的状况比自己好。比如许多人都在为自己的生活不富裕而感到不满，看到别人住着宽敞的房子，而自己家还住在年代已久的陋室里；看到周围的人开上了各式各样的新款汽车，而自己连辆摩托车都没有；再看周围人家的孩子都考上了重点学校，而自己的孩子连上非重点学校都吃力，更会感到无比沮丧、失望和自卑……有人甚至会说，某某跟自己是同班同学，当初自己在班里还是干部，而如今某某当了领导，赚了大钱，而自己还是普通工人，

于是抱怨老天太不公平。

比来比去，越比越觉得不服气，越比越觉得不公平，越比烦恼就越多。其实，这种比较有点自欺欺人，因为你永远不可能变成别人，也就不可能什么都和别人一样。每个人都是独特的个体，有自己独特的性格、喜好，更有各自的生存环境，是无法在同一基点上作比较的。

而即便是同一种类型、同一种职业甚至同一种境遇的人之间，也不存在任何可比性。许多人通过努力和奋斗改变了自己，走向了成功。如果一味地跟这些人相比，你或许永远都会感到烦恼和痛苦。"猫王"在成名之前只是一名卡车司机，那年他为了给母亲庆祝生日，便用自己攒下来的钱在一个录音棚里录了一盘自弹自唱的磁带，没想到录音棚的老板听后觉得他的演唱风格十分独特，便把他请进自己的唱片公司。后来，就诞生了我们的"猫王"。世界上的卡车司机不计其数，而"猫王"却只有一个。如果卡车司机们都跟"猫王"比较，他们只能一辈子都烦恼了。

俗话说："人比人，气死人。"与其同背景、性格、生存环境都不一样的人作无谓的攀比，最后使自己情绪低落、烦恼不已，倒不如把关注的焦点放回自己身上，认清自己，踏实努力地学习、工作，这样自己才能一天比一天好、一天比一天进步，这样才能创造真正幸福的生活。

04 恐惧比烦恼更令人烦恼

提起恐惧，可能许多人都会说："恐惧？我应该没什么可恐惧的吧。"可一转眼，他就又愁眉苦脸起来。你若问他原因，他则回答："下个月公司的绩效考核，不知能不能完成，如果完不成的话，我担心会丢掉工作。"

没错，这就是恐惧。以前我们提到恐惧，往往会联想起恐怖片之类，但在这个飞速发展的时代，我们对生活、工作、家庭等这种关乎切身的无形恐惧与日俱增，而更可怕的是，大多数人并没有认识到这一点。

杞人忧天的成语故事，是说从前有个人总担心天会掉下来，于是整日忧心忡忡，最后终于病倒了。现在杞人忧天的人不多了，但脸上绽放出微笑的人却也很少。这是为什么呢？因为人们把各种担忧和恐惧当成了一种合情合理的、必需的状态。比如有人害怕完不成工作会被炒鱿鱼，他认为这种害怕是与他的生活息息相关的，甚至是他生活的一个重要部分，于是放任地担惊受怕起来。但他不知道，这种担惊受怕不仅对他所担心的事没有一点帮助，而且搞不好会带来更坏的影响，因为他恐惧完不成任务，做起事来就不能专心，做事的效率也不会高，导致成果会大打折扣。从另一方面说，人如果长期处于某种潜在的恐惧中，精神压力会越来越大，久而久之会严重影响身体的健康。

说到这，你仔细地想一想，是不是在你的生活中处处都充满了恐惧。有人整天恐惧会失去工作，或恐惧找不到一份好工作，或恐惧在工作中的人际关系；有人则整天恐惧自己的婚姻会破裂，自己好不容易组建起来的家庭会被别人破坏，或者恐惧自己的伴侣会不会有一天不再爱自己；还有的人恐惧自己会变老、变丑、变得满脸皱纹，恐惧自己的身体会变差，恐惧身边的亲人有一天会离自己而去……我们就是这样生活在许许多多无形的恐惧之中而不自知，而我们确实应该提醒自己：这种恐惧解决不了任何问题，它只会让恐惧变得更加恐惧，仅此而已。

有了这么多的恐惧，我们的生活当然轻松不起来，当然会愁容满面，于是我们将陷入一个恶性循环的怪圈：越恐惧越烦恼，越烦恼越害怕，越想改变结果就越恐惧改变。那么，面对这么多恐惧的生活，我们该怎么办呢？

首先，消除恐惧就要认识恐惧。弄清楚恐惧从哪里来？到底我们恐惧的是什么？而我们所恐惧的事有多少真的会发生？心理学家曾做过一项实验，让实验者把自己近期一个月内恐惧的事写在纸上，投入指定的箱子里。然后告诉他们有人会帮助他们解决这些事，让他们放心去过正常的生活。一个月后，心理学家打开箱子，让每个实验者拿出自己的纸，结果显示90%的实验者所恐惧的事情并没有发生，而有一半以上的实验者所恐惧的事都有了完美的结局。而事实上，没有任何人帮他们去解决任何问题，只是让这些实验者释放恐惧的压力，然后全心地投入生活和工作中。事实证明，恐惧的事情并未发生，而良好的心态可以让自己更出色。

其次，如果恐惧的事情真的发生了，那么请正视它。如果你真的失掉了工作，那么请不要陷入悲观的情绪里，抱怨自己多么努力而没有人看到，更不要因此否定自己的能力，让自己失落不已。正确的方法是要分析自己的失误与不足，然后努力改进，以更自信的心态去寻找下一份工作。

也许生活中让人恐惧的事有很多，但同样使人勇敢的事也有很多。所以，当你心生恐惧的时候，不妨想想那些让人勇敢的理由吧，这样你会发现，其实恐惧是多么不堪一击。

―05 嫉妒是恶魔，让你的心越来越窄

如果说适当地比较，可能会让自己永远保持进步，那么嫉妒可完全不是这么回事了。嫉妒只会让一个人的心变得越来越狭窄，从而产生忌恨，甚至兵戎相见。

小玲和小梅是同班同学，一起读了四年大学，又在同一个宿舍，所以关系很好。小玲长得漂亮，人又开朗，学习又好，在大学时就有很多男生追求；而小梅性格内向，虽然成绩也很优秀，但总觉得自己长得不如小玲漂亮，感觉小玲总是事事高自己一头。时间久了，

小梅心里很不舒服。到后来参加工作，两人都找到一份不错的工作，但有时小梅工作很忙，要经常加班，而这时小梅心里就更不平衡了。凭什么她赚的钱和我一样多，但她的工作就那么轻松。难道就因为她长得漂亮吗？而小玲的性格是偏好出头，经常爱在朋友面前显摆自己。再后来，小玲交了一个男朋友，人长得一表人才不说，还很有能力，这下更羡煞旁人了。小玲更要在朋友面前炫耀一番，这下可惹恼了小梅。于是她作了一个荒唐的决定，给小玲的男朋友写匿名信，说小玲的各种坏话。事情的结果不说便知，最后小玲和男朋友分手了，而小玲和小梅也从此形同路人。

想想小玲和小梅的关系，最终闹得翻脸收场，无非是因为"嫉妒"二字。然而，嫉妒的责任并不只在小梅，小玲也要承担一定的责任。一方面，嫉妒别人的人是痛苦的，因为她只要得知对方一点好，心里就会产生不愉快，真叫谓是"你若安好，便是晴天霹雳"的活典型。嫉妒别人，意味着这个"别人"在你的生活中占据了重要的位置，你的生活中时刻有对方的存在，对方的一举一动都会给你的生活造成压力，对方生活的好坏甚至决定了你心情的好坏。另一方面，被嫉妒的人也很难受。被人嫉妒难免会招致别人的恶语，甚至是私底下的谣言，不仅给自己的生活、工作带来不利的影响，而且处理不当就会与人发生争执。因此，无论是嫉妒者还是被嫉妒者，都是这场嫉妒的受害者。那么如何才能避免嫉妒他人或被他人嫉妒呢？

首先，要停止与他人攀比。要控制自己的虚荣心，虚荣心谁都有，但不能让它无限扩大。明白自己就是自己，别人就是别人，别人的好与坏是与别人的努力和运气相关联的，而自己应该脚踏实地地努力过好自己的生活。

其次，要保持洒脱的心态。嫉妒常常来自于某一方面的"缺失"。比如你觉得自己长得不好看，而别人长得好看时，便会产生嫉妒。人没有十全十美，要用洒脱豁达的心态看待万事万物，并让自己变得更积极乐观。当你明白这个道理后，嫉妒就很快瓦解了。

第三，多看别人的长处，与其成为朋友。有个人让你嫉妒，说明他有超过你的地方，为什么不向他学习来提高自己呢？诚心实意地与他交朋友，向他学习，还可以为自己建立良好的人脉，何乐而不为呢？

最后，要说的一点是，避免引起他人嫉妒在人际交往中是同样重要的。学会与他人相处，建立良好的人际关系，是我们摆脱烦恼、幸福生活的必经之路。

━06 烦恼是因为把自己看得太重

把自己看得太重，往往会看不清世界；把自己看得太重，常常会徒增许多烦恼。这个世界上最快乐的人莫过于孩子，他们无论是哭还是笑，甚至耍赖、恶作剧都是随心所欲、毫不掩饰的，从来不把周围的人放在心上。这看似是孩子们不在意别人，其实是他们不在意别人眼中的自己，不懂得自己是谁。

　　我们有时过于自大，目中无人，听不进任何人的意见；我们有时又过于在乎别人的看法，甚至做某些事仅仅是为了让别人另眼相看；我们有时很想说出自己的想法，然而说过之后，却因与别人的观点相去甚远而无人附和，未免黯然神伤。归根结底，这一切皆是因我们把自己看得太重，总觉得大千世界终归会有属于自己的舞台。仿佛只有得到了别人的认可，自己才活得有价值。我们常常高估自己，太在意别人眼中的自己，觉得自己的一举一动都会受到众人的瞩目。

　　实际上，无论没有了谁，地球都会照常运转。一个人不管是春风得意、受人尊崇，还是默默无闻、宁静洒脱，都要懂得别太看重自己。平平淡淡，物我两忘，既是一种修养、一种胸怀，也是一种至高的人生境界。

　　邓凯就是这样一个人。他原先在一家小公司干了三四年，后来因为经济危机，小公司倒闭了，邓凯不得不重新找工作。他原来的工作很轻闲，平时没什么事，待遇也一般。可这回要重新找工作了，邓凯觉得自己已经工作了三四年，有一定的工作经验，跟那些刚毕业的人肯定不一样了。于是，邓凯满怀信心地开始找工作。他先是投了许多高薪职位的简历，但过了几天一直没有回复，也没有招聘单位给自己打电话。他非常纳闷，自己这样一个有经验的优秀人才，怎么会无人问津呢？他想，肯定是投简历的人太多了，公司的人力主管没看到自己的简历，对，一定是这样的。于是，他直接去了一家公司。

　　面对不请自来的邓凯，公司还是接待了他。说明来意之后，邓凯信心满满地等待对方求才若渴地聘用他。谁知单位的人力主管听完邓凯的介绍，看完他的简历后，并没有像邓凯以为的那样高兴，而是平静地告诉邓凯，如果他确实想来公司工作也可以，但待遇和刚进来的毕业生是一样的。邓凯听后惊诧地说："不可能！我比他们有经验呀！"人力主管的回复是，虽然邓凯在工作上有经验，但邓凯的经验只是工作时间上的经验，并没有具体的业务经验，所以在具体工作中，其时间上的工作经验并不能解决业务上的问题。因此，他的待遇只能和刚进公司的新人一样。

　　邓凯失落了，他百思不得其解，难道自己这三四年白工作了吗？没有一点价值吗？他为此烦恼了好几天。

　　在生活中我们经常遇到许多类似的事，往往觉得自己能力很强，或对某件事特别有把握，但往往事与愿违，然后自己会陷入失落的烦恼情绪中，这就是因为我们把自己看得太重。对自己来说，自己就是全部，但对整个社会来说，你只是一个很小的个体。我们常说的一句话是"地球没了谁都照样运转"，事实的确如此，哪个公司也不会因为缺少了某个人而运转不了。

　　一个人可以自信，但不能自大；可以狂放，但不能狂妄。正确认识自己，将自己摆在正确的位置上，才能与社会、人群构建和谐的关系，才能真正成就自己。

Part2

你知道吗，烦恼正无情地伤害着你

越来越忙碌的生活使我们忽略了太多东西，家人、朋友甚至我们的健康。威胁人类健康的一大杀手便是我们的负面情绪。这些负面情绪看不见、摸不着，但它却根深蒂固地存在于我们的内心深处，时刻威胁着我们的生活和健康。

▬01 心存烦恼，生活就会变得处处不如意

小张是一位从事财务工作的女性，最近生病住院了，好朋友小杨来看她。只见小张愁容满面，眉头紧锁，嘴里不停地念叨着："唉，实在是太倒霉了，处处不顺啊！"

到底怎么回事呢？在小杨的询问下，小张将自己的倒霉事告诉了小杨。原来前些天小张不小心把钱包丢了，虽然钱包里没有多少钱，但小张觉得十分不吉利，一直心事重重。这种低落的情绪笼罩着小张，她好几天都闷闷不乐的，结果因为注意力不集中，把公司的重要账务弄错了，出现了严重的工作失误。小张被领导批评了。于是，小张的心情更糟了。昨天下班买菜回家做饭，精神恍惚的小张不小心碰翻了锅，结果正好砸在脚面上，受了伤。

听小张诉说完，小杨摇摇头说："这都是你自寻烦恼，丢了一个钱包，却惹出这么多祸呀！"

虽然我们都替小张感到不值，本来只是丢了一个钱包，而且钱包里也没有多少钱，结果却因为这件事影响了自己的情绪，接着导致工作的失误，加重了情绪的影响，最后又打翻了锅伤了自己。但在现实生活中，像小张这样的例子却比比皆是。本来是一点小事，却忧心忡忡，觉得处处不顺，处处倒霉，结果真的被"倒霉"跟上了，

干什么都不顺利。遇到这种情况，人就会陷入一种消极状态，觉得自己走"背运"，倒霉到家。但仔细分析小张的情况，你会发现，其实将自己拖入这个不幸的正是自己的负面情绪。

如果你心存烦恼，那么你的生活就会变得处处不如意。烦恼像一个沉重的铅球，将你的心情坠得低低的，做什么事都提不起精神，仿佛周围的空气都变得十分压抑。生活不是孤立的，而是与周遭紧密联系在一起的，因此，如果你将不愉快的情绪带到生活的各个方面，那么注定了生活的各方面都会变得不愉快。

但事实上，我们不得不承认，烦恼是每个人都会遇到的，在我们的生活中似乎也是不可避免的，但为什么有的人能处理得当而有的人就会被烦恼缠身呢？其实，关键就在于你如何面对烦恼。将烦恼孤立，那么它只会在一定时间、一定范围内烦恼；将烦恼扩大，那么它会散布到我们的工作、生活、家庭的每个角落。

明白了烦恼对我们的伤害，就不要再继续烦恼下去。当一件事对你产生了不好的影响，就要想办法将负面情绪控制住，不要将它带入其他的事情中。试着这样去做，你会发现，生活会变得更顺心称意，而烦恼则越来越小、越来越少，最后就消失不见了。

■02 你不知道的潜在烦恼

人往往对事情的感知总是后知后觉的，对烦恼也是一样。直到烦恼临头时，才发现自己已经处于烦恼之中。其实，有一些潜在的因素可能会引起烦恼，只是我们当时并没有意识到，以至于烦恼真正出现时，仍搞不清状况。

其实这种潜在的容易引起烦恼的因素就是性格。有些性格导致他的处世方式容易引发问题。我有一个朋友就是这种问题。她原来经朋友介绍在一家国企单位上班，后来因为男朋友的关系，搬到离工作单位很远的地方，于是她面临换工作的问题。关于换不换工作的问题，她几乎咨询了认识的每一个人，大概犹豫了几个月，最后终于决定换工作了。但在选择新工作的时候，她再次陷入了矛盾之中，今天听这个朋友说这家公司不好，便不向这个公司投简历；明天听别的朋友说那家公司好，又精神饱满地准备去那个公司上班。如此反复了几个月，最终选择了一家没人再说好与不好的单位。原因是大家都说累了。

这个朋友的主要问题就是没主见。听风是风，听雨是雨，没有自己的判断。自己有什么样的才能，想找什么样的工作，什么样的工作适合自己，最了解自己的莫过于自己，别人给出的永远是站在别人角度的看法和喜好。如果盲目地听从别人的建议，没有自己的主张，这种性格的人就很容易陷入烦恼。因为只要选项在一个以上，他就会产生烦恼，陷入选择的困境。当然人生的选择不可能只有一个，也不可能只有一次，于是他在后面的选择中都会陷入困惑。

我们可以调整自己的心态，却无法调节自己的性格。因此，有些性格往往就成了引发烦恼的潜在因素。例如：自卑、多愁善感等，都容易在现实生活和人际关系中引发烦恼。那么，我们面对这些潜在的烦恼因素，该怎么办呢？

首先，多给自己鼓励，树立自我和自信。多倾听自己内心的声音，坚定自己的立场，遇到难以抉择的事情时，不妨问问自己的内心：什么才是自己最想要的？然后按照自己的心意去选择。

其次，清楚地认识自己性格的弱点，然后努力使它变得强大。俗话说："江山易改，本性难移。"但并不是完全改变不了的。每天改变一点点，使之成为习惯，久而久之良好的习惯就会使我们战胜性格的弱点，使自己变得强大。

最后，养成开朗的性格。多与人交流，学着敞开心怀，小事不计较，与人为善，在团结友善的人际关系中重新获得自信和温暖，自己会变得更积极。

03 你知道吗，烦恼正悄悄地燃烧你的生命

越来越多的科学研究表明，人类的疾病有一大半是由情绪引发的。起初，我们对这种情绪压力并不在意，但如果人体长期处于这种情绪压力下，久而久之就会引发身体的病变。这是因为当面对压力时，我们的身体会对压力做出自然的反应，即肌肉紧张、血压升高、心跳加速、肾上腺素分泌增加——这些反应能使人跑得更快、跳得更高，帮助人类逃避野兽、灾难，然后身体才能恢复正常状态。

在快节奏的现代生活中，我们的压力与之前相比，越来越大。我们身体的这种应变能力将无法提高消除压力的能力，紧张的肌肉也不能使我们放松身心，加速的心跳也不会使我们的生活更惬意。

一位在他人眼里事业有成的男主管有一天突然提出辞职，问他辞职的原因，他摇摇头说："没有什么原因，就是我太累了，我只想休息……"

在每天快节奏的工作中，他的精神长期处于紧张状态，时常担忧自己的前程，也经常为自己的工作烦恼，还有家和公司两点一线的乏味生活。太多的烦恼和压力包围着他，他开始慢慢失掉了最初工作时的那份热情与执着，渐渐失去了耐心与坚定，甚至每天都变得很沮丧，早上起不来，晚上却睡不着，咖啡、浓茶成了他每日必备的饮品。他感到自己的精神越来越差，甚至觉得自己已经病入膏肓。

　　困扰当今上班族的并不是真正的病痛，而是我们熟知的"亚健康"。从严格意义上来说，亚健康虽然不是疾病，但它通常是疾病的先兆。引起这种亚健康的，除了工作疲劳、睡眠不足等不良生活习惯外，还有另一个重要的因素就是情绪压力。这种情绪的烦恼常常是无形的、抽象的，甚至是想象出来的。但正是这种无形的精神压力渐渐消磨了我们的热情，侵蚀了我们的心灵。

　　不良情绪对健康的危害有两种：一种是过于强烈的情绪反应；另一种则是较为持久的消极情绪。烦恼则属于后者。据美国耶鲁大学医学院报告，在所有门诊病人中属于情绪紧张而患病的占76%。这些病人因为长期处于某种情绪状态中，对那种紧张的状态已经习以为常，所以往往把注意力集中在身体的症状上，而没有想到是自己烦恼的情绪引起的疾病。

　　越来越忙碌的生活使我们忽略了太多东西，家人、朋友甚至我们的健康。有研究资料表明，威胁人类健康的一大杀手就是我们的负面情绪。这些负面情绪看不见、摸不着，但它们却根深蒂固地存在于我们内心深处，时刻威胁着我们的健康。

　　烦恼的致病能力是强大的、可怕的、无形的，如果你不控制，它就会像毒气一样四处蔓延，充斥你的生活，损害你的健康。因此，当你知道烦恼正损害着我们的健康，燃烧着我们的生命的时候，你还会继续烦恼下去吗？

Part3

洗涤你的心灵，剔除烦恼的种子

尝试着剔除愤怒、悲伤和恐惧等令自己烦恼的种子，尽可能地播撒欢乐、幸福和宁静的种子，这样我们的内心就会越来越清澈，越来越有力量。当我们对宁静优美的事物保持觉照的时候，我们就是在给自己内心的宁静和美的种子浇水，而我们的心才能开出美丽的花朵。

01 心机太重，到头来吃亏的还是自己

俗话说："种什么花，就会结什么果。"万事都是这个道理。你种了开心的花，便会结出快乐的果；你种了烦恼之花，那结出的肯定是烦恼之果。

做事有计划的人往往有条理，做起事来也井井有条。小林就是个有计划的女孩，她早在上学的时候就计划着自己以后找什么样的工作，找什么样的男朋友，跟什么样的人结婚，而她结交的人都是对她的这些计划有帮助的人，仿佛一切都在她的掌控之中。果然，毕业后，她通过朋友找到了一份不错的工作。上司是一位年轻有为的男士，正是小林计划中的男朋友人选，于是她用心安排了各种偶遇、巧合，最终如愿以偿地与她的上司恋爱了。没过多久，他们就结婚了。看起来，一切都朝着小林的计划顺利进行。习惯于计划的小林又开始计划着公公、婆婆。但时间长了，公公、婆婆和丈夫都发现小林是一个心机很重的女人，有时她为达到目的甚至用说谎来欺骗家人。家人说过她几次，但是根本没用。慢慢地，家人开始对她产生了厌恶之情，对她也渐渐冷淡下来。最后，小林离婚了。她跑到朋友家哭诉："本来一切都好好的，怎么会变成这样呢？"

小林的故事很有代表性，其实不只在婚姻中，在生活的许多方

面都有算计太多的人。他们费尽心思，精心设计一个局，然后一步一步使事情都按照自己设计的方向发展。他们以为这是人生的计划，其实不然，这恰恰是对人生的歪曲。

心机太重的人注定不会活得太轻松，因为他们把大部分精力用在了算计别人上，整日观察着别人的动静，打探别人的消息，打听别人的背景，然后计划着怎样与人接触，获得他们想要的东西……试问，这样的生活，他们哪里还会有闲心去享受呢？

心机太重的人也注定最终不会得到好的结果。也许他们靠这种心机在短暂的时间里确实获得了一些他们想要的东西，但从长远来看，他们的这些心机早晚会被人看穿，而一旦被人看穿后，别人再也不会相信他们，最终他们落得众叛亲离，只剩孤家寡人一个。用心良苦设计的局没有实现，对他们来说，这更是一个无法承受的打击。因为当一个人太渴望成就某事，而在上面花费了大量的精力最终却没有成功时，往往会因这种失败而发疯。

心机太重的人注定会烦恼不已。他们每天忙于算计，内心被这种尔虞我诈填得满满的。人生短暂，将太多的精力放在算计上，必然会失掉许多人生的乐趣，而心情也会变得更糟糕。

与其心机深重，不如真诚用心。如果你想在工作上出类拔萃，与其走偏门，不如脚踏实地地努力。俗话说："实至名归。"当你努力后达到了质的飞跃时，你的努力自然会被别人看见，你所渴望的自然也能实现；如果你想与别人交朋友，与其算计安排，不如以一颗真诚的心坦然相处，你对别人好，别人才会对你好；如果你想拥有美满的家庭，与其钩心斗角，不如全心全意地关心家人、爱护家人，家庭自然和谐美满。

心机深重的人喜欢算账，总是喜欢算计得与失。可是，烦恼重重的生活与轻松洒脱、幸福快乐的生活，究竟哪种更划算，得到的更多呢？

02 智者告诉你：千万不要为钱烦恼

常言道："富人有富人的烦恼，穷人有穷人的烦恼。"可见有钱没钱并不是烦恼的根源。但金钱确实是我们无法回避的一个话题。虽然大家都说钱不是万能的，但没钱也是万万不能的。如果基本的生活资料都无法保障，空谈理想，空谈奋斗，空谈未来……也许一切都将变得空空如也，那时候你最大的烦恼可能就是内心空虚、饥肠辘辘了。

据统计，人类 70% 的烦恼都与金钱有关，他们的烦恼常常不是因为没有钱，而是钱不够花。更令人吃惊的是，他们在处理金钱时，却往往意外地盲目。于是，为钱烦恼成了他们无法回避的问题。

其实，避免为钱烦恼的办法就是不要入不敷出。没有计划地花钱，就等于让肉贩、服装商、家具店……都来分享你的收入。你可以找一个笔记本把自己所花的每一分钱都记录下来，弄清钱都花到哪里去了，然后根据自己的所需拟订一个真正适合自己的预算开支。

其次，在你的收入增加时，不要盲目地花钱，否则当你出现财务赤字时，你会更加烦恼。不管收入多少，都要有计划地花钱，这样你才不会成为可怜的"月光族"。

或者我们可以想得更简单一点儿，这个世界不可能人人都是富翁，不可能每个人都能过皇帝般的生活，但是每一件事物都有它的价值，乐观地看待事物、看待生活，才能享受更多的生活乐趣。所以，智者告诉你：千万别为金钱烦恼，否则你只会成为金钱的奴隶。

令大多数人感到烦恼的，并不是他们没有足够的钱，而是不知道如何支配手中的钱。即使我们拥有整个世界，一天也只能吃二顿饭，一次也只能睡一张床。即使是一个挖水沟的人也能做到这一点，也许他们吃得更津津有味，睡得更安稳香甜。

收入只是我们生活的一方面，影响不到全局，很多人认为赚的钱少，生活质量就会下降，这只是客观的想法，你有试过很好地理财吗？你有花销的计划吗？

如果你养成一种良好的习惯，每月每周每天都把花销记在一个本子上的话，你会惊奇地发现大多数钱都用在哪里了，往往人们都在把钱花完的时候惊讶自己到底做了什么，不知道自己买了什么。如果你有记账的习惯，你将知道下个月哪些不该花哪些该花了。你拟订出一个真正适合自己的预算，还要懂得怎样聪明地花钱，我的意思是学习如何使你的金钱实现最高价值。所有大公司都有专门的采购人员，他们设法替公司买到最合理的东西，你为什么就不会这样做呢？

　　千万不要因为你的收入而头痛。如果你是一个家庭主妇，就一定要学会理财，一个家庭的收入及花销多半都掌握在女人的手中，因为女人的心更细一些。如果我们真的无法改变自己的生活现状，那么请大家设法宽恕自己吧。这个世界不可能人人都是富翁，不可能每个人都能过富足豪奢的生活。但是每一件事物都有它的最高价值，何不乐观地看待？也许我们正年轻，追求的东西很多，经常为生活烦恼，因收入不满，这样只会带给自己更多的不安和烦恼，却不能改变现有状况。只有减轻烦恼、乐观地看待事物、看待生活，才更有可能改变生活。

　　当我们有钱的时候，应该尽力去帮助别人；当我们没钱的时候，好像也没有十足的理由要求别人无私地给予和帮助。生活在任何时候都要靠自己，不要总是惦记着别人的财富，更不要因为别人的金钱而使自己徒增烦恼。生活是靠努力慢慢改善的，一夜暴富的人并不多。为金钱过于烦恼会损伤身体的健康，甚至让人走向极端。笑对生活，一切都会好起来，希望大家不要因为金钱而过于劳心费神。

03 为争一时面子，只会烦恼一辈子

好面子自古以来就有。其实好面子不是坏事，不要面子反而是不正常的。如果一个人连自己的面子都不在乎了，那么这种人是很危险、很可怕的。因为他什么都不在乎，也就什么事都干得出来。但是过分要面子，可能说不上是多危险的事，但恐怕也是令人烦恼的事。

丹丹是一家公司的文员，她每天的工作多数都在办公室里。办公室共有四五个人，丹丹是其中之一。因为大家年龄相差不大，所以他们都走得很近。这一天，办公室一个同事拿出新买的手机，大家都围了上来。"这是最新出的那款吧！"一个同事说。拿手机的同事点了点头。大家围着手机研究它的新功能，又拿出自己的手机对比。只有丹丹没过去，因为她自己虽然也有手机，但款式很旧，根本没有那些新功能，她觉得很不好意思，甚至平时很害怕电话响起，担心别人注意到自己的手机是那么旧。

过了几天，丹丹实在觉得别扭，于是向朋友借钱买了一部最新款的手机。这天，丹丹带着新手机去上班，刚到办公室就把手机拿出来放在办公桌上。此时她的心情大好，不再觉得抬不起头来。

又过了几天，丹丹接到同学的电话，说周末有聚会，这使丹丹

又高兴又烦恼。同学聚会？大家很久没见了，能再次聚到一起当然是值得高兴的事；可正因为大家很久没见了，不知大家的近况如何，自己连件像样的衣服也没有，真怕到时同学们会笑话自己。想到这儿，丹丹不禁又烦恼起来。

没办法，总不能在同学面前丢面子吧！于是，丹丹再次跟朋友借钱买了件衣服和名牌手提包。这回，丹丹觉得自己可有面子了。

丹丹的问题在现实生活中也很常见。女孩子天性爱美，希望在其他人面前展现自己最美的一面，这本无可厚非，但太过于好面子，而忽略现实中自己的实际状况便会惹出麻烦。说到底面子是虚荣心在作祟，好面子的人总是担心会在别人面前出丑，从本质上说这是一种自卑心理。对自己不够自信，怕自己丢脸，于是就会采用各种方法来包装自己，认为把自己包装好了，自信也就回来了。

面子永远是说不完的话题，也永远是令人不断烦恼的话题。单纯为了面子而争面子，自然会弄虚作假、不择手段，不仅使自己烦恼，也会把自己弄得更加狼狈。

生活中有很多好面子的现象，比如夫妻争吵后谁也不愿先低头认错，觉得谁先认错谁就没有面子；向别人吹嘘自己的能力有多么多么强，到处吹牛；饭桌上为了面子而喝得酩酊大醉……凡此种种，宁可自己吃大亏、吃闷亏，也要在面子上过得去，似乎这样就使自己在周围的人中有尊严，被人看得起。其实，这样做的结果不仅没有保住面子，而且真正丢了面子。

还记得莫泊桑著名的短篇小说《项链》吧，那个为了面子去向朋友借了一条珍珠项链的女主角，结果弄丢了项链，又为了还主人一条真的珍珠项链而将自己弄得狼狈不堪的玛蒂尔德，为了自己的面子和虚荣心，付出了一生。

现代人可能不再会像《项链》中的女主角那样笨，为了一条项链而操劳一生，但如果你在生活中处处争一时的面子，就不可避免地会为此而烦恼，担心自己面子的得失问题。其实，不妨退一步想一想，一时的面子是否真的重要吗？很可能过后人们早已遗忘，而自己为了一时的面子又付出了多少！为了没有任何实际意义的面子，又耽误了多少宝贵的时间呢？

04 走出烦恼，找回迷失的自我

我们经历着生活，也被生活经历着。我们为了有一个更好的生活状态而去努力工作、拼命赚钱。已经记不清有多少个夜晚我们在熬夜加班，在拼命地算计生活，在想各种办法投资盈利……我们匆匆地走过了大半生，仍匆匆地奔走在剩下的人生里。就在这种匆忙中，错失了生命中美好的风景。不知从何时起，我们开始为生活中种种不如意的事情苦闷叹息，我们的生活变得处处不如意，我们甚至忘了这样拼搏的最初目的是为了幸福地生活。早年的梦想已经被现实的残酷消磨，眼前的生活又不是我们想要的，于是我们开始迷茫。我们开始担心失去，可是在拼命去"抓住"的同时，我们的内心早已是千疮百孔，充满了压抑、焦虑、苦闷、孤独和无助。

太多的压力使我们喘不过气来，于是我们迷失了自身的佛性，迷失了自己的心。我们应将目光向内，内观自己，将自己的心调到最柔和的状态，因为只有柔和的心才充满能量。

小艾是一个刚毕业的女孩。她一直有一个梦想，就是成为翻译人员。在学校的时候，她刻苦学习英语，毕业后找工作时，她就一心想找一个翻译工作。小艾投了很多简历，也有一些公司打来电话让她去面试，但往往面试之后就杳无音信了。她开始烦恼起来，难道自己真的这么差劲吗？她渐渐地失去了信心，觉得自己很失败，可能不是当翻译的那块料。

生活中我们常会遇到各种各样的困难，这时候最容易迷失自己。而迷失了自己就会产生很多的不良情绪，使自己没有心思或者没有动力去做喜欢的事情。小艾就陷入了这样一种低落的情绪中，开始觉得自己事事都不如意，而别人却总是那么一帆风顺，于是她开始怀疑自己选的路是不是走偏了，自己的长处可能不在这里，那么自己的长处究竟在哪里呢？于是，她开始迷茫。

陷入这种烦恼和困惑之中，人的头脑就无法清晰地认识自己，就会被烦恼困扰。如何才能走出烦恼，找回迷失的自己呢？

首先，要对自己有信心。相信自己的能力，分析自己的优点与缺点。是否真的对一些事情无能为力，而自己缺少哪方面的能力，应该在哪方面得到提高？

第二，要看得开。看得开意味着不因一时的困难而灰心丧气，告诉自己，失败不要紧，要紧的是失败了还能爬起来继续前行。

第三，坚定自己的方向。人生就像在一个广袤的森林里行走，如果没有方向必然会迷失。只有坚定地朝着预订的目标前行，才能获得最终的成功。

Part4

烦恼是你自己的事，与他人没有半点关系

因为别人的原因自己情绪低落、感到烦恼，其实别人什么都没有做，甚至有时对方只要出现都成了我们烦恼的根源。如果静下心来仔细想想，你会发现你的烦恼只是自己的问题，与别人没有半点关系。

01 他人左右不了你，烦恼是自己的问题

"公司里那个同事真的让我很烦！"一位女士跟丈夫这样抱怨道，"她说话的样子令人很讨厌！"

"她又没说你，你何必跟她生气呢？"丈夫劝慰道。

"我也不知道，反正她让我真的很烦！"女士继续说道。

这种情况恐怕在现实中我们并不感到陌生。有些时候，我们看某人很不顺眼，甚至觉得某人的一举手一投足都十分令人生厌，觉得别人干扰了我们的生活、扰乱了我们的心境。但真的是这样吗？

因为别人的原因，自己情绪低落、感到烦恼，其实别人什么都没有做，甚至有时对方只要出现都成了我们烦恼的根源。如果静下心来仔细想想，你会发现你的烦恼只是自己的问题，与别人没有半点关系。

首先，要明白如果我们的内心乐观豁达，旁人并不能成为我们生活的中心。别人说话的样子好与坏，并不影响我们的注意力，或者说他的声音只是千万种声音中的一种，并没有什么特别的地方。一颗包容的心能包罗万象，容纳世间的万事万物，何况只是一种声音。而烦恼之所以会产生，其根源就是我们内心烦恼的种子，这颗种子来自于我们对生活的态度。你对生活越狭隘，烦恼的种子就越

多，生长得就越快；你对生活豁达，那么烦恼便无处生根。

其次，烦恼是你自己的问题，他人并不能左右你。每个人都是一个独立的个体，有自己的喜好，有自己的思想，你心情的好坏只由你自己控制，调节情绪的遥控器就在自己手里，别人是遥控不了的。你若将自己的心情调节好了，那么一切都会变得不一样。

第三，你因他人而烦恼，便是将自己的生活交给了他人。有些人的喜怒哀乐来得特别快，这是因为他常常会把自己的情绪与周围所有的人和事关联在一起。也许一件很小的事就能让他高兴不已，而也许同样一件很小的事又能让他的心情一落千丈。他的生活仿佛被别人导演着，而他只是自己生活的配角。他把生活交给了别人，任由别人摆布。而别人也并非真的掌控了他的生活，而只是无意间地擦身而过。于是，他的喜怒哀乐就随着别人的举手投足而阴晴不定。

懂得因果的人便懂得一切烦恼都是自作自受，与他人无关。先是自己的内因，然后达成了外果。而不懂得因果的人，面对烦恼只会沉浸在痛苦中，不想办法走出来，久而久之，当承受力达到极限时就会导致忧郁。

如何才能摆脱烦恼的困扰，拥有积极乐观的生活呢？其实，这并非难事。

做一个有主见的人。我们是自己生活的主人，主宰着自己生活的方向、进程，因此我们可以从错综复杂的社会中选择符合我们的愿望，而不必像墙头草一样任人摇摆。

　　做一个乐观豁达的人。把烦恼完全消除并不是绝对意义上的，乐观的人并非没有烦恼，只是他们会调整自己看问题的角度，不让负面情绪主宰自己的生活。豁达的人看得开，不会为一点小事纠缠不休；更能看得长远，不会为眼前的琐事唉声叹气。

　　做一个与人为善的人。如果你心里总是仇视他人，那么你永远也不会得到快乐。与人为善，会使你感受到他人的善良，只有良好的人际关系才能带给你平和的生活。如果你的生活充满紧张和敌对，那么你同样是无法快乐起来的。

　　烦恼和快乐都由你自己选择，选择哪一种，你想好了吗？

02 与人斗气，输的只会是自己

　　让人烦恼的事情实在太多，人们抱怨现实生活中各种各样的人和事都是如此地令人烦恼不堪。没错，烦恼的承担者是我们自己，其实烦恼的根源也是我们自己。烦恼产生的原因和结果，说到底都与他人无关，都是我们自己惹的祸。

　　科技的发展使我们的生活越来越丰富，以前人与人的异地交流往往通过写信。后来有了电话，只要拨几个数字，不管对方在哪里，都能立刻听到对方的声音。再后来，又有了可视电话，不仅能听到对方的声音，还能看到对方的模样，实在是很方便。同样，交通也越来越发达。马车代替了徒步，自行车代替了马车，进而又有了摩托车和汽车。近几年，许多人都买了私家车，开车出行实在是太方便了。但越来越拥堵的交通状况也实在令人担忧，这位马先生就因为开车与别人发生了争执。

那天是下班的高峰时段，马先生开车回家，路上车很多，他不停地变换车道，但车的速度仍像蜗牛一样缓缓蠕动。这时，马先生从后视镜中看见车后面跟着一辆比自己车好的车，马先生心想："嘿，比我的车好又怎么样，还不是得排在我的后面。"车继续行进，在车流中后车几次想超过马先生的车，但都被马先生故意挡住了。后车不停地鸣喇叭，而马先生却无动于衷，装听不见，继续想尽一切办法堵住后车。结果，事故发生了，两辆车终于因为互相抢道而撞在一起，幸运的是两位司机都没有受伤。事后，交警判定，马先生因为恶意抢道负主要责任。

接下来马先生可真是叫苦连天，不仅要帮对方修车，自己的车也需要维修，上班也开不了车。真是赔了夫人又折兵。马先生苦着脸说："真不该与人斗气啊！"

生活中斗气的事真不少，经常会看到两个人因为一件很小的事互相不服气，先是言语攻击，进而愈演愈烈，最后甚至大打出手。人生在世总会遇到一些不平事，当你受到他人误解而委屈时，难免会产生怨气。心中的怨气得不到释放，就会产生压力，心里会不平衡，就容易产生怒气。

常言道"人活一口气"，但如果与人斗气，不仅不能消气，反而伤人伤己，自生烦恼。

与人斗气，难免会想法极端，只想一拳把对方打倒，而不顾后果，结果很可能两败俱伤。即使赢了对方，对方必然记恨你；在以后的日子里为自己树了敌，实在是有百害而无一利，所以从长远看，输的还是自己。而如果输给对方，则越发垂头丧气，心情更沉重了。而且如果得罪的是小人，那更是后患无穷。

与人斗气也是一种狭隘的表现。正因为内心不够豁达，才睚眦必报。人与人相处难免会有磕碰，有时退一步海阔天空，大事化小，小事化了，也许还能交到朋友，何乐而不为呢？

与其跟他人斗气，不如自己争气。与其跟别人赌气、怄气、抱怨浪费自己的宝贵资源，不如把时间、精力用在分析和解决问题上。与人斗气的人只在乎眼前的得失，而不知道失掉的是长远的利益。自己争气的人失掉的是眼前的小利，而得到的是长远的大利。这个道理谁都明白，可做起来却不那么容易。就像人们都明白自己不该为一些小事烦恼，但事情发生时又总是那么无能为力。

所有烦恼的根源都在自身，所有怒气的产生也在自身。一个无法掌控自己的情绪和行为的人，就无法掌控自己的生活。因为一切问题的症结就在于自身，这需要我们换一个角度看待问题，换一种心情面对问题，换一个态度对待问题，换一个方法解决问题。

■ 03 快乐的钥匙就握在自己手里

一个愁眉苦脸的人走到上帝面前，乞求上帝让他快乐起来。上帝问他为什么不快乐，他说："因为我的一个失误，使我丢掉了工作。"上帝说："世上的人每人都有一把快乐的钥匙，只要你能找到这把钥匙，你就能快乐起来。"这个人听了，又问道："这把钥匙在哪里呢？"上帝笑了笑，并没有回答他的问题。

这个人回到家后，苦苦思索起来。他想："既然每个人都有这把钥匙，那么这把钥匙肯定在母亲那里，因为自己是母亲生的，对，钥匙肯定在她那儿。"于是，他去找母亲，把母亲身上所有的钥匙都翻了个遍，但没有找到。于是，他又沮丧起来。接着，他把能想到的人，比如家里、邻居、朋友、亲戚全都问了个遍，也没有找到这把能让自己快乐起来的钥匙。家里人谁也不理睬他，他感到十分失落，觉得家里没人重视他。于是，他想出一个办法——离家出走，看看他们到底着不着急。就这样，他收拾行装出发了。他打算先到河边去散步。在路上，他看到路边的小花都开放了，蝴蝶飞舞着，特别好看。再看树叶也绿了，树上小鸟叽叽喳喳地唱着小曲。小河里许多小鱼自由地游来游去，简直是一幅美妙的风景。他的心情一下好起来，他正想坐下来欣赏这美丽的景色时，突然感到口渴，看到旁边有一家小商店，于是去买水。

"老板，拿瓶水。"这个人说道。

"5块！"

"怎么这么贵啊！"

"爱喝不喝！"

本来愉悦的心情被这个卖水的老板全搅没了。于是，他又向下一个目的地进发。这次他遇到了一个流浪者。流浪者在向一个人问路，这个人没好气地回答说"不知道"。而流浪者并没生气，仍十分礼貌地说了声"谢谢"，然后转身走了。他觉得好奇，于是走上前去，问流浪者："那个人态度那么差，你干嘛还跟他说谢谢呢？"流浪者回答说："态度差是他的问题，又不是我的问题，我为什么因为他而烦恼呢？"

听了流浪者的话，他好像有所顿悟，突然想明白了什么，急忙往家跑。回到家时，家人都急坏了，问他去了哪里，他向家人道了歉。从此以后，他变成了一个开朗的人，每天快快乐乐地生活着。

这个故事的主角终于找到了快乐的钥匙，因为他想通了三件事：

第一，不拿自己的错误惩罚自己。世间有多少烦恼都是自己寻来的？人非圣贤，孰能无过？谁也不能保证自己永远不犯错，如果一有过错，就沉浸在无尽的后悔和自责中，那么不仅对事情没有任何帮助，而且会使自己更加低落下去。犯错并不可怕，认真分析原因并及时改正才是正确的态度。

第二，不拿别人的错误惩罚自己。平时总能听到人们抱怨别人的话："这件事真气死我了，他怎么能这样做事呢？""我真倒霉，遇上这样的人"……这就是我们对别人的错误不能容忍，却拿别人的错误惩罚自己。的确，在生活和工作中常常会遇到令人生气的事情，比如：出门有人不小心撞了你而没有向你道歉，或者是因为某事没办好或办得不顺利而感到沮丧，或者是遇到一个无情无义的朋友，也会使自己烦恼。凡此种种，都是我们的内心在作祟，都是因我们没有一颗容忍别人的心，才会埋怨遇人不淑、处人不善。

第三，不拿自己的错误惩罚别人。因为自己情绪不好，而归罪于身边的人，于是离家出走，这就是在用自己的错误惩罚别人。而往往惩罚的都是我们身边最亲近的人，最关心我们的人。这是将烦恼扩大化，是一种不成熟的行为。

生活是美好的，我们实在没有理由怨恨生活。一个心智成熟的人，他明白每个人的那把"快乐的钥匙"只在自己手里，而愚蠢的人却四处找寻。所以，我们要做生活的智者，拿出我们心中的那把"快乐的钥匙"，开启快乐生活的大门。

04 抱怨别人不如改变自己

你身边有没有这样一种人，经常抱怨生活是多么不如意，他遇到的人是多么不好，他的老板是多么不讲理，而他的同事又是多么自私……总之，你从未听过他说任何一件哪怕很小的好事，你听到的从来都是抱怨、抱怨、再抱怨。他像祥林嫂一样不停地向周围的人诉说着自己的"不幸"，上天对他多么不公，仿佛他成了这世上最可怜的人。而他身边的朋友们起初还报以同情，认真地倾听他的诉说，但久而久之人们听厌了、听烦了，便会渐渐远离。

这样的人在生活中并不少见。他们总是对生活有各种挑剔，没有任何生活会使他们满意，因此他们总是牢骚不断、抱怨不断。他们像一颗毒气弹，将这些不良的情绪释放再释放；他们又像一种寄生虫，本身没有任何营养，只靠吸取他人的关怀来生存。久而久之，只剩下孤零零的自己。

习惯抱怨的人常常只能在原地徘徊，自以为是地咒骂眼前的"阴暗"，却不知道"阴暗"的正是自己的影子。仔细观察，不难发现，抱怨的人本身就存在诸如：性格偏激等很多问题，他们不能认识自己的问题，而是将注意力集中在外界，觉得是外界影响了自己。由于过度关注负面的事物和感受，不断放大问题的严重性，强化自己的负面心态，从而把自己关入"悲惨"的牢笼，无法逃脱。另一方面，因为他们的思绪总是围绕着痛苦、孤单、倒霉展开，强大的"负面能量"就自然而然会把他们的命运引向不好的结果。

高尔基曾说："世上最不幸的人是那些用不幸来装饰自己的人。就是这些人最希望别人关心，而同时又最不值得别人关心。"

抱怨会使人胆小。因为不敢正视现实，因此将原因推给别人或上天，认为是上天对自己不公，或是别人对自己有成见。他们不敢承担责任，不敢承认错误，不敢面对自己的不足，是胆小懦弱的表现。

抱怨会使人消极悲观。你越悲观消极，结果就越糟糕，糟糕的境遇又会加强你对事情的悲观看法，悲观的看法再次导致失败，周而复始。

抱怨会使人众叛亲离。没人愿意和不停抱怨的人交朋友。他们只会将不良的情绪传染给别人。而在倾诉的过程中，其实自己也得不到任何安慰，他们需要的就是找个人来倾诉，而非得到他人的安慰。别人不是你的垃圾桶，更不是你的发泄对象，朋友是在互相帮助、互相尊重的平等基础上交往的。如果你经常将你的负面情绪发散给别人，那么时间久了，你只能被朋友列入"没有营养"的朋友之列。

认识到抱怨的害处就请停止抱怨吧。首先，试着克服消极的情绪，凡事都往好的方面想，你会发现，生活其实很美好，阳光其实很明媚，上天其实也很眷顾你。不断告诉自己，要抵制消极的情绪，增强自己的意志力，让自己专注于应该专注的地方，让自己保持积极。

其次，培养坚韧的性格。只有当自己足够强大的时候，才有能力去抵抗一切。不断培养自己坚韧的性格，告诉自己要勇敢、要有担当，遇到困难也不轻言放弃。

第三，培养自己的责任心。人首先要对自己负责，如果连自己的责任都担不了，那么他就是一个无用的人。

快乐的生活是由人创造的，你也许改变不了现状，但你能改变自己的心态。停止抱怨，试着去接受，内心充满阳光、充满希望地去生活，你会发现一切都会变得与众不同。

Part5

把自己的事做好，就没有那么多烦恼

活在别人的眼中注定会烦恼不断，因为你所有的努力都是为了迎合别人，给别人留下好印象，而失去了自我。很多时候，人们的烦恼就是考虑得太多，想要的太多，而忽略了自己内心最真实的喜好，然而内心那个最真实的喜好往往决定了我们的生活快乐与否。

01 坚持自己内心的选择

这是一个选择太多的世界，也许我们每天都要面对各种各样的选择，也许每一个选择都意味着我们以后的人生方向。其实，很少有人会对每一次选择进行仔细研究，也就无法预料选择以后的事。有些选择可能无关轻重，比如你选择今天早餐吃面包还是油条，结果并不会有太大差异，而这样的选择通常也不会引起你太多的烦恼。但在一些人生的重大选择上，往往压力比我们想象的要大得多。

小邓就曾遇到过这样的问题。小邓喜欢画画，因此当初报考学校时她选择了一所美术设计专科学校。毕业后她本想找跟专业相关的工作，但屡次应聘都不成功，她内心很苦恼。后来，她的爸爸托人给她找了一份办公室助理的工作，平时的工作内容就是打打字、复印文件。是接受爸爸给找的这份工作，还是坚持自己原来的理想呢？妈妈劝小邓："现在找工作多难啊，你学历又不高，工作就更不好找了。现在你爸给你找的这份工作还不错，多少人想去还去不了呢。"爸爸也说："这有什么可犹豫的，你自己能找到什么样的工作呢？真不明白现在的年轻人是怎么想的！"她回到房间闷闷不乐，思来想去最后拨通了于老师的电话，把事情跟于老师说了一遍。于老师说："其实，选择什么样的工作全在于你自己，别人的建议都只是建议而已。问问自己，答案就出来了。"小邓觉得于老师的话很有道理，于是认真地思考了一夜。第二天，小邓跟爸爸、妈妈说："爸、妈，我还是决定不改行，我喜欢画画，喜欢美术，又学了好几年，我不能放弃。"后来小邓终于找到了自己喜欢的职业，通过努力取得了不错的成绩。

若说每个人都有理想，可能不太现实，有的人就认为自己没什么理想，平平常常活着就挺好。说理想有点远大，说喜好可能更贴近现实。一个人可能没有什么远大的理想，但总会有自己内心的喜好。很多时候，人们的烦恼就是考虑得太多，想要的太多，而忽略了我们内心最真实的喜好，然而内心那个最真实的喜好往往决定了我们的生活快乐与否。

这时，也许很多人会说坚持自己的内心也不是一件容易的事。当你选择了原本不想选择的而且结果不如意的时候，往往就会烦恼。内心是什么？是我们精神的强大后盾，是我们抵抗外界压力的强大力量，也是坚持自我的最后一张底牌。很多时候，人不是因为没有信心而跌倒，而是因为不能把信念化成行动，并且不顾一切地坚持到底。生活要面对的压力已经够多了，如果再去压抑自己的内心，那么烦恼和忧愁便注定在我们的生活中挥之不去。

坚定自己的内心，就是坚定自己的信念。什么是自己想要的生活？自己适合什么样的生活，渴望什么样的生活？这都是我们该追问自己的问题，为自己渴望的生活去拼搏奋斗，才能无畏路上的荆棘坎坷，才是有意义的人生。

─ 02 认清自己的能力，不要做力所不及的事

　　王波今年三十三岁了，本来在一家外企干得不错，虽然不算高薪，但一家人的生活还是比较轻松的。但自从一次同学聚会回来，他就得了心病。原来，同班同学老杨五年前自己开了家公司，现在生意做得红红火火，宝马也开上了，别墅也住上了，让同学们好不羡慕。而原来的同桌杜梅也是小有成就。杜梅和老公自己开公司做老板，现在也是风生水起。王波心想："自己虽然工资也不低，但毕竟是给人打工，说到底没什么前途，不如这些同学自己开公司，自己给自己赚钱。"看看人家的生活水平，再看看自己的生活水平，本来他还觉得混得不错，一家人不用为生计发愁，房子也有了，车子虽然没有那么高档，但也有四个轮子，开起来跑得也挺快的，但跟人家一比，他就感觉失落了。

　　他反复琢磨了好几个月，越想越不甘心，越想越委屈，觉得自己能力不比他们差，完全能和他们一样。于是，王波决定辞职了。辞职后他决定也开个公司，但做什么呢？自己又没经验。想来想去，最后他决定开一家投资公司。接下来的事可想而知，公司的业务一塌糊涂，没过几个月公司就倒闭了。而王波几年辛苦攒下的钱都赔了，公司倒闭他也面临着失业。是继续创业，还是再找份工作呢？

王波从当初的雄心壮志，变成了现在的一蹶不振。他老婆说："我早就跟你说，你不是做生意的料，你偏不听。人家开公司是筹备了多长时间，积攒了多少人脉……"

王波的失败在于他只看到同学开公司赚了钱，而忽略了经营公司这一过程。没有过程，何来结果。世上从来没有天上掉馅饼的事，也从来没有轻闲的事。就像我们看舞台上的演员，觉得演员多好啊，演那么几分钟就赚很多钱，但是"台上一分钟，台下十年功"，没有台下辛勤的努力，是不会有台上的精彩呈现。而我们往往只看到了别人成功的结果，而忽略了成功背后付出的努力和艰辛。

王波失败的另一原因就是他没有认清自己的能力。每个人能力不同，优缺点也不同。一件事别人做得好，你未必也做得好。同样，你做得好的事，别人可能就做不好。打个比方，一个公司有人当总经理，能把公司管理得井井有条，业务发展蒸蒸日上；而有些人管理得一团糟，业务开展不下去，甚至使公司面临倒闭。这就是能力问题。一个人的能力还与他的经验和后期积累的各种资源有关，一个再有能力的人，你把他扔到孤岛上他也什么都做不了。人总是在工作中、在与人交往中、在失误和教训中、在成功和经验中吸取营养、提高能力。同一个人在不同时期能力也是不一样的，所以要认清自己的能力并不是一件容易的事。

如何认清自己的能力呢？首先，看看自己都有哪些能力。拿出一张纸，把自己特别擅长的、基本擅长的和不太擅长的都列出来，然后再列出你要做的事所需要的能力，然后把二者进行对比，你就知道自己的能力对于这件事来说能不能完成了。

其次，多听听身边人的评价和建议。人最难看清的是自己，自卑的人容易把自己看低，太自信的人又容易把自己看得太高，这时不妨问问你身边的人，他们对你的评价应该是最中肯的。

第三，不断提高自己的能力。能力不是天生的，也不是一成不变的，而是可以通过后天的学习和积累不断提高的。也许你现在做某事还没有这个能力，但只要明确方向、不断提高自己，当能力达到时，问题便会迎刃而解。

03　不做他人眼中的别人，只做自己眼中的自己

很多人抱怨压力太大，活得太累，自己都快承受不了了。其实，真正使你疲惫的并不是每天 8 小时的工作，而是自己的内心。

小吴最近交了个男朋友，本来这是件好事，可她却把自己弄得疲惫不堪。原来，因为她男朋友有个前任女友出国了，所以两人分手了，但他仍对前女友念念不忘。小吴想在男朋友面前做一个完美女友，更想把这个前任女友比下去，所以只要是男朋友喜欢的，她就会努力改变自己，变成他喜欢的样子。她觉得这样男朋友就会更喜欢自己，对自己更好，就会忘记前女友。男朋友喜欢吃豆角，她就天天买豆角，然后在网上搜豆角的各种做法；男朋友喜欢蓝色，她就买蓝色的衣服穿；听男朋友说前女友羽毛球打得特别好，于是

小吴每周末都去打羽毛球……

　　几个月过去了，前女友的种种特点被小吴模仿得淋漓尽致，男朋友也很高兴，但小吴却烦恼了。确切地说，是小吴感觉太累了。即使是周末，不上班不工作，什么也不做，在床上躺着，她仍是觉得疲惫不已。渐渐地，她的情绪不再那么高涨了，变得沉默起来，开始对什么都没了兴趣，羽毛球也不打了，饭也不做了，甚至连妆都不化了。男朋友对她的这种变化很吃惊，怎么和之前判若两人呢？为此，两人总是吵架。男朋友觉得她前后判若两人，而她觉得男朋友不体谅自己，变得心力交瘁。最终，两人还是分手了。

　　小吴的问题就是只顾着做别人眼中的别人，而忽略了原本的自己。无论自己好也罢，坏也罢，自己就是自己，别人就是别人，谁也无法改变这一事实。别人喜欢也罢，不喜欢也罢，自己仍是自己，别人仍是别人，这也是无法改变的事实。小吴总想做男朋友眼中的完美女友，而使男朋友忘记前女友的种种好，而努力改变自己去迎合、迁就。但俗话说得好"江山易改，本性难移"，也许在一段时期内你确实改变了自己，但这注定只是在一段时期内，因为你是用自己的意志强行说服自己、改变自己，而这种改变并不是出于你的本愿，只是在短时期内说服了自己必须这样做，但时间久了你就会感觉身心疲惫。

　　活在别人的眼中注定是会烦恼不断的，因为你所有的努力全是为了迎合别人，给别人留下好印象，而失去了自我。一个失去自我的人怎么会讨别人喜欢呢？当你觉得很累、很疲惫的时候，不想再改变下去的时候，你回归了自己，但在别人看来，你却好像变了一个人，与之前的你大相径庭。因为在别人眼中，你用力改变的那个你才是你，而忽略了你本来的样子。这是不幸的、可悲的、痛苦的，你为别人而失去了自己，当你回归自己的时候别人却不认识你。

这种现象不仅出现在恋爱中，在生活的各个方面都可以看到。我们曾经很努力地想做父母眼中的好儿女，做好妻子、好丈夫，甚至老板眼中的好员工等等，最后无一不落寞收场。

每个人从生下来以后就成为独立的个体，就有独立的思想，具备独立思考的能力。做自己眼中的自己，这是对自己负责，对自己的心负责，对自己的选择负责。所以，我们不要为别人而迷失了自己，一定要活出自己的风格，做自己的自己才是最棒的。

■ 04 你只需做好一件事，那就是把自己的事做好

做一件事可能只需要一个理由就足够，而不做一件事可能就会有一千个理由。这一次，丽丽又因为没有完成自己的工作被领导叫到办公室。

"这已经不是第一次没完成任务了吧！"领导严肃地说。

"领导，这次是因为我帮小张去联系他的那个客户了……"丽丽

一脸委屈地说。

"每次你都有理由。"

第二天，丽丽接到公司的通知，她被辞退了。丽丽很委屈，到处向朋友诉说自己遭遇的不公。她觉得自己是热心去帮助其他同事，才导致本职工作没完成，自己这是舍己为人的行为，公司不表扬她也就算了，怎么能说辞就把她辞了呢？

分工和合作是同样重要的两个方面，很难说哪一方面更重要。丽丽热心帮助同事，是重视合作的一方面，但她却忽视了分工的一方面。一个社会要安定与发展，就必须尊重社会分工，大多数人应该各司其职、各安其业。比如种菜的就专心种菜，卖衣服的就踏实卖衣服，如果种菜的不去种菜而去关心衣服，卖衣服的不卖衣服而又去关心其他的，那社会就会一片混乱。社会如此，公司更是如此，如果公司的员工不能做好本职工作，就会使公司的发展停滞。

有人也许会说："那就各家自扫门前雪，莫管他人瓦上霜呗！"当然不是。管他人瓦上霜的前提是你做好自己的事，如果你连本职工作都没做好而专门去管他人的瓦上霜，那你就是对本职工作的漠视，本末倒置。不管是在公司里，还是在家庭里，每个人都有不同的分工，你就要承担起自己的义务和使命。比如公司要生产一种产品，然后卖给客户，你作为生产人员不去生产产品而跑去联系客户，那谁来生产产品呢？产品生产不出来又拿什么卖给客户呢？

　　再比如，许多家庭的烦恼也是因为管得太多。一对夫妻饭后散步，遇见邻居。邻居正为孩子报什么班而烦恼，不知是报英语班好还是报音乐班好。妻子说女孩子当然报音乐班好，学点音乐对女孩子好；丈夫则说还是报英语班好，把文化课搞好比什么都强。后来邻居回家了，夫妻俩就英语班好还是音乐班好继续争论不休。等第二天一问，邻居家报了数学班。

　　做好自己该做的事，不代表人人各扫门前雪，不代表事不关己、高高挂起。做好自己的事，是培养人的一种生活素养，不论何时，先做好自己的事，然后才能更好地帮助别人做事，不然只会把生活弄得一团糟。

　　把自己的事做好也并不是件容易的事，需要付出，需要创新，需要智慧。付出就意味着牺牲和奉献，就意味着比别人多吃些苦，多操些心，少些悠闲自在，少些吃喝应酬；创新意味着探索与实践，意味着比别人多动脑，想出新的方法，少些等、靠、要，少些坐享其成；智慧就意味着学习与思考，就意味着比别人多读书，多学习，勤于思考，少些浮躁，多些快乐。

　　在某个领域或某个范围把自己的事做好是一种负责的态度。不论生活还是工作，把自己的事做顺了、做好了，生活就会处处如意，事业也会处处顺心，人生也就会快乐幸福。

05 没有目标就没有方向，烦恼就会时时纠缠

俗话说："人无远虑，必有近忧。"如果一个人没有对未来的长远计划，迟早会面临各种烦恼。

王兆刚走出大学校门时，对未来从事哪个行业并没有明确的打算。不过，因为家境贫困，他在找工作时以"钱"作为衡量工作好坏的标准。

在毕业后的几年内，他基本是每年换一份工作。最初在办公室做文员，后来见保险市场很不错，于是去了保险公司做保险推销。后来，听说同学在一家公司做策划，收入不菲，于是他又心动了，托同学找关系，进了这家公司做策划。本来他的能力胜任不了，但经过同学的撮合，总算还是可以应付了。这次应该心满意足了吧，但他那颗蠢蠢欲动的心不久又开始躁动不安了。在一次同学会上，一位老同学告诉他，自己刚开了一家小型贸易公司，"钱"景不错。他一听就动心了，正好老同学这边也需要帮手，他马上跳过去了。一年后，同学公司的生意举步维艰，他见赚不到什么钱就又去了广告公司。时间不长，他又辞掉了工作，转去做中介……

虽然王兆这几年换了不少工作，积累了不少经验，也赚到了一些钱，但他并不开心，整天忧心忡忡的。他跳到哪个领域都是新人，他换了多份工作，可是无一精通。再看看和他一起毕业的同学，不

少人都成为了某个领域的翘楚，享受优厚的待遇，虽然工作之初他们的待遇并不算好，而自己的时间都浪费在了换工作中，哪个行业都没有积累足够的经验。

一开始，他还为自己能玩转多个领域、有超强的适应能力而洋洋得意。可是，反观自己认为的优点恰恰是自己最大的缺点。他就像一只青蛙，从池塘里的这片叶子跳到另一片叶子上，跳来跳去，始终没打下牢固的根基。也就是说，当别人专注于自己的事业时，他东一榔头，西一棒槌，不知在干什么。最终，他陷入了烦恼。年纪一大把了，到底该做些什么呢？

王兆的烦恼在于他一开始就没有给自己设定目标，于是不停地在工作之间摇摆，换来换去，错误地把"钱"当作唯一目标。但钱没有生命力，他只顾不停地累积更多的钱，而忽略了人生的价值。人不是为赚钱而生的，钱最终也只是被动地增加或减少，并不能给人带来经验上的成长。王兆就是因为没有远虑，而最终陷入了近忧。

为自己的人生设立目标是明智的，他们懂得人生的意义不在于财富的增长，而在于经验的积累。你付出时间和努力在一项事业上，反过来它会回报给你更多。

Part6

烦恼止于智者，只有自己才能终止烦恼

生活中有太多东西值得我们去珍惜和享受，因此我们要把握住时机，理清生活的头绪，抓住生活的重点，学会做自己的心理调节师，给自己排忧，给自己解愁，给自己一个快乐的理由来化解一切的烦恼忧愁。

━ 01 你的烦恼在他人看来，或许只是小事

日常生活中，经常会看到一些整日愁眉苦脸、唉声叹气的人，他头上的天空仿佛从来没有变晴过。你问他为什么如此烦恼？他会十分痛苦地把他的烦心事一股脑地倒给你，但你一听就会发现让他苦不堪言的烦心事都是小事一桩，根本不必放在心上。

不要奇怪这样的人和事，这在现实生活中非常普遍。小林是一家公司的员工，她做事谨慎、认真，入职一年多，工作做得很不错。但在最近的一次重要会议上，小林居然迟到了。更糟糕的是，那个月小林所在的部门没有完成公司的任务，部门经理非常生气，正打算开会批评手下的员工，赶巧小林偏偏撞到了枪口上。经理正在批评员工们消极怠工、懒散不进取，这时小林推门进来了。经理一看，开会迟到，正好把小林当作典型好好批评了一番。这漫长的会议终于结束了，大家松了一口气，小林却烦恼起来。她觉得自己被当作典型在众人面前遭到经理批评，真是丢尽了脸面。事后好几天，小林仍耿耿于怀，觉得羞愧不已，甚至都不怎么跟同事说话。有时在走廊里遇到同事，小林就尽量绕着走，生怕碰面同事说起那天的事而尴尬。差不多过了一个多星期，小林生病了。同事小芳去看她，小林才道出了心声："那天被经理当着那么多人的面批评，不知大家

背地里怎么说我呢！真丢脸！"小芳一听，说道："哎呀，我以为多大的事，就这事儿啊，大家早忘了。"

的确，大家真的早忘了。因为绩效没完成，经理感到不满意，于是批评大家，而小林恰巧迟到了，正在生气的经理就把小林当作典型批评以教育大家。其实，批评的对象是大家，并不是针对小林个人。

被领导批评并不是太罕见的事，因为人有不同，领导也有不同。有的领导喜欢批评人，有的领导生气时不分青红皂白把气发到员工身上，这都是个人问题，不必放在心上。而反过来想，批评有时并非全是坏事，它可以督促人进步。

日常生活中，时常会遇到许多类似的"小事"。不管是排队被插队，还是听到不公平的批评，或是分担工作，如果我们每次都要为这种"小事"烦恼，那么试想我们的生活会有多么糟糕。可是，即便如此，却仍有太多人浪费宝贵的精力在为"小事"烦恼，从而错失了生命中更美好的东西。

生活中有太多东西值得我们去珍惜和享受，因此，我们要把握住时机，理清生活的头绪，抓住生活的重点，让那些无所谓的"小事"随风而去吧。

有人会认为使我们烦恼困惑、精神崩溃的往往是生活中的一些大事，比如离婚、生病或者丧失亲朋好友等，但心理学家们研究发现，日常琐事虽然小，但它们的数量众多，如果我们倾注太多的精力去处理这些琐事，久而久之会使人精神崩溃。更可怕的是，这种精神压力是无形的，直到你感到压力重重时，你仍不会察觉到是这些"小事"影响了你。

烦恼和快乐像两粒种子，你播种什么，便会结出什么样的果子。你选择将小事看淡，不计较，不较真，生活便会轻松快乐；你选择事事发愁，觉得事事不如意，生活便会沉重烦恼。

02 求神拜佛不如使自己更优秀

不知你有没有发现，现代人多了一句口头禅——"求菩萨保佑"，或者是"谢天谢地……"。可悲的是，菩萨并没有保佑他，他所祈求的事往往未能如愿。

小梁在一家图书公司上班，做发行工作，公司规定每月要有定额的业务量。但近几个月，小梁的业绩开始下降，看着同事们的业绩一个月比一个月好，小梁也只能眼馋，自己却毫无进展。于是，他在心里祈祷：菩萨保佑，让我明天遇上个大客户吧。一天天过去了，小梁的大客户并没有出现，他的业绩仍在下滑。

领导终于找他谈话了。小梁很尴尬，无话可说。领导问他为什么业绩一直下滑，他无言以对。后来领导让小梁讲述一下他的工作过程，结果从中发现了问题。原来，小梁每次与客户沟通，只是简单地问他们需不需要新的图书产品，如果对方说不需要，他转身便走，这个客户就被放弃了。而如果对方问什么样的产品，希望了解产品内容时，小梁也只是把宣传册拿给对方看，对方看了几眼，通常就还给他了，于是小梁只好转身离去。就这样，一个月下来，小梁没有任何业绩。领导问小梁对自己的业绩下滑怎么看，小梁回答说自己最近运气太不好了，就连抽签都抽到下下签，可能过一段时间会时来运转吧，因为他每天都在祈祷。

第二天，小梁收到了公司的解雇信。他边收拾东西边摇头喃喃地说："运气实在太差了，一定要去好好拜拜佛。"

生活中像小梁这样的人一定不少，他们在遇到问题时不去思考问题到底出在哪里，而是一味地将这一境遇归因于运气不好。虽然运气在生活中有时候确实会出现，但是大多数时候造成事情最终结果的还是我们自己做事的方法。上天只会帮助那些有准备的人，而不是懒惰的人、只会推脱责任的人。小梁在访问客户时并没有分析不同客户的特点，针对不同客户来销售自己的产品，而只是问对方需不需要新产品，也没有把自己的产品有哪些特性告诉客户，客户在一无所知的情况下当然不会选择他的产品。

我们时常埋怨自己运气差，可有没有静下心来，仔细想想自己究竟哪里做得不好，或是做得不够，才导致了这样的结果。一个人想要驾驭自己的命运，想要有所作为，要克服生活的焦虑和沮丧，就得先学会做自己的主人，学会改变自己，让自己更进步。美好的未来不是固定在那里等你靠近，而要靠你自己创造。好的运气也不是靠求神拜佛得来的，而是靠自己努力得到的。你越努力，上天就越会垂青你，你也就会越成功。

从前，有一个信徒遇到了烦心事，来到寺庙，虔诚地跪在观音像前乞求。乞求中，他无意发现身边有一个人也跪在那里，而且这个人长得跟观音很像，简直就是一模一样。

信徒十分吃惊，便问道："施主，你长得怎么这么像观音呢？"

那个人回答道："我就是观音。"

信徒更奇怪了："既然你是观音，那你为何还要拜自己呢？"

观音笑道："因为我也遇到了一件非常困难的事情，而且我知道，求人不如求己。"

生活中，我们难免会遇到各种各样的困难，请求他人的帮助在所难免，这是人之常情。但是有些人往往会把事情的成败寄希望于他人，甚至求助于虚无缥缈的神灵，却唯独忘记了自己。其实，自己才是命运的主宰者。与其求神拜佛，不如改变自己，让自己变得更加优秀。如果你把自己的命运寄托在他人身上，那么你的一生必将黯淡无光。

03 改变肢体语言让自己更积极

如果你经常感到莫名的烦恼和忧虑，但又找不到具体的原因，那么很可能是你的习惯性动作导致的。这听起来或许有些不可思议，但我们确实不得不承认，人的这些习惯性动作，是一种无声的交流方式，它所表达的信息有时甚至远远超过了我们的真实语言。

生活中，我们经常会见到一些人举手投足间都充满了自信，气场很足，他一说话仿佛就很有底气，让人无法反驳；而有一些人呢，则感觉唯唯诺诺，气场很弱，甚至说话都没有底气。这是怎么回事呢？研究表明，这与人的肢体语言有很大关系。

当一个人参加面试的时候，往往他的工作经验、学历等信息并不是决定他被录用与否的关键，决定他能否被录用的往往是他面试过程中那些无声的肢体语言。从他一进门的步伐开始，到握手、坐下、谈话过程中的手势、语速、语调和离开时的背影等，都无一不在表达着非常丰富的信息。研究表明，一个自信的人通常在迈入办公室时步伐沉稳有序，握手时力度适中。在介绍自己的过程中，做出的手势也都是积极的，如手掌向上，双腿平放，声音语调适中，语速不快不慢，最后在离开时以同样的步伐离开。而一个自卑的人在进入办公室后会缩小步伐，入座后往往只坐椅子的前半部分，不会去靠椅子背；谈话过程中声音较小，几乎没有什么手势，往往会把双手藏起来，或藏在衣兜里，或夹在两腿之间。双腿紧紧地靠在一起，最后离开时也迈着同样谨慎的步子。面对以上两种类型的面试者，公司当然会选择录用第一位面试者。因为绝大多数公司会认为，一个积极自信的人能胜任工作，因为他们具有良好的心态，对工作当然会产生积极的影响；而一个自卑消极的人往往会产生焦虑和烦恼，这样的人当然是不可能胜任工作的。

有人可能会反驳说，那只是个人的习惯性动作而已，并不能说明他的能力。但事实证明，肢体语言是无法伪装的，即使你伪装了前一个，那么下一个肢体语言同样会暴露你真实的内心。因为这些都是我们大脑无意识的反应，无意识是不受人的意识控制的。试着观察一下你身边经常愁眉苦脸的人，他们的肢体语言其实早已泄露了他们的内心。他们往往不那么自信，走路不会挺起胸膛，说话声音也不洪亮，视线朝下等等，均反映了他们的内心状况。

那么，接下来的问题就是，如何改变这种悲观心理呢？

首先试着改变自己的习惯性动作，使它们朝积极乐观的方向转化。比如：尽量不要做双手交叉在胸前的动作，这一动作表示人很焦虑，而这种焦虑更进一步使人无意中想去保护自己，与外界隔绝，因此会将双手交叉横在胸前，试图与外界隔断。试着敞开心怀，暗示自己要积极地去面对事情，而不是与世隔绝。慢慢地，你会发现，随着你习惯性动作的改变，这种暗示会传给大脑，然后使你向积极的状态转变。再比如：走路要抬头挺胸，与人说话时视线要平视，说话声音大小适中，咬字清楚，语速均匀。最后，一定要保持微笑的状态。微笑不仅可以带给别人愉快的感觉，而且能使自己保持良好的状态。一个经常微笑的人烦恼的概率比一个整天板着脸愁眉不展的人烦恼的概率要小很多。

试着改变自己那些易产生悲观情绪的习惯性动作，你会发现，你的心态在慢慢地随之改变。从潜意识中消除烦恼的情绪，注以快乐积极的健康情绪，人生就会充满快乐。

2

第二部分
**正视烦恼，
然后才能消除烦恼**

许多梦想构成了我们的人生。我们的人生，不是一首浪漫的诗，也不是一支优美动听的小曲。它是阳光与风雨的搏击，它是欢乐与痛苦的交替，它是等待我们去穿越的烦恼沙漠。无论是顺境还是逆境，无论你是学者还是作家，抑或是普通的工人、学生，都逃不脱烦恼的追捕。生活、工作处处有烦恼。也许，你会想把明天的烦恼通通在今天都消灭掉，这看起来很有道理。可是，今天的烦恼就全部在今天解决就行了，明天的烦恼让明天的自己去面对和解决，这样日子就会快乐起来。

　　烦恼是每个人都要认识的古怪的朋友，我们每天都要解决一些令人困扰的烦恼。我们会在快乐和烦恼中慢慢长大，就像花儿在田野里享受着阳光，也承受着风雨一样，只要我们不怕和烦恼作斗争，就一定能实现未来的梦想。

Part7

你怎样对待烦恼，烦恼就怎样对待你

烦恼是不可避免的，关键是你如何面对烦恼，遇到烦恼如何去解决。人生就像愤怒的小鸟，每次你失败的时候，总有几只猪在笑。你要做的就是忽视嘲笑的声音，自信地微笑，再自信地做好该做的事。勇敢一点，真的没什么大不了！

01 把缺点变成优点，将烦恼转变成积极的态度

从前有两个铁桶，每天早上主人都会带它们到溪边挑水。两个铁桶中，有一个完好无损，每天都可装上满满一桶水到主人家，而另一个桶底部有一条裂缝，主人挑水回到家时，水已经漏了一半。完好无损的铁桶经常嘲笑破损的铁桶："你可真没用，连一桶水也装不了！主人早晚会把你弃掉的！"于是，破损的铁桶开始烦恼起来，整天担心主人会把自己丢掉。

一个月过去了，两个月过去了，主人还没有把破损的铁桶丢掉；一年过去了，两年过去了，主人仍没有丢掉破损的铁桶。一天，破损的铁桶终于忍不住了，对主人说："谢谢你两年来对我的照顾，可是我每次在路上都要漏掉一半的水，我感到十分惭愧，您为什么一直没有丢掉我呢？"主人回答说："你不必惭愧，明天你就知道原因了。"

第二天，主人又带着两个铁桶上路了，那个破损的铁桶依然忧心忡忡。回来的路上，主人突然停住脚步，让破损的铁桶看看周围的景色有什么变化。它向四周看看，惊喜地发现在它们每天走过的这条路的一边开满了小花，五颜六色，漂亮极了，而它的同伴那边却没有。这时，主人说："其实我早就知道你的裂缝，于是我悄悄

地在你的那边撒了一些花籽，每天由你自然灌溉。你看，现在种子开花了，这一切都是你的功劳，你不要烦恼，你的裂缝也是有价值的。"听到这话，破损的铁桶终于开心地笑了。

一件本来让人烦恼的事却变成了一件令人开心的事，这实在不得不说是一件可喜的事。因此，当我们遇到苦恼的事，不必皱起眉头，不妨看看有什么办法，能让烦恼变成喜事。

李红是一个性格内向的女孩，平时不爱说话，做事慢条斯理，所以大家给她起了个外号，叫"慢慢小姐"。李红其实也为自己的性格发愁，觉得自己确实太内向，做事不太灵活，可有什么办法呢？她虽然为此苦恼，却没有改变的办法。公司每次出去玩，别的同事都又跳又叫地在一起玩，只有李红站在一边微笑着看。她甚至觉得自己是不是不合群，别的同事会不会不喜欢自己呢？有一次，公司有一个紧急工作，需要把仓库里一大批货物的数据核对清楚。那可不是个小数目，那么多货物和庞大的数据，看一眼就让人头疼。大家都暗暗发愁，这得忙到什么时候呢？最后，李红接受了这项工作。她往那儿一坐就是一天，除了偶尔上个厕所，几乎不见她离开座位。就这样，巨大的工作量仅用了两天，李红就全都核对完了，而且事后也证明数字准确，没有半点错误。这下李红可成了公司的功臣，领导表扬了她，同事们也为她鼓掌，纷纷说："也就是李红能坐得住，换了别人早坐不住了。"这一次，李红再也不觉得同事们不喜欢自己了，也再也不觉得自己一无是处了。

每个人都有优点和缺点，有的人为自己的缺点而烦恼。但所谓好与不好、优与劣都是相对的。在某个情境中看似是不利的，而换到另一个情境中却变成有利的，所以我们看待事物包括看待我们自己时，一定不能以当前的情境来作消极的判断。要学会从另一个角度看待问题，学会把烦恼变成积极的态度，学会使不利变成有利。例如：人们常认为紧张不好，紧张就会出错，而安静才是我们应该追求的目标。但是在工作中，如果一点紧张感都没有，那么做事情就不会有动力。机械表之所以能不停地走动，是因为上了发条，否则它会停止转动。研究证明，适度的紧张是一种积极的精神状态。这种紧张感可以把你的潜能激发出来，从而使你积极地去完成某项工作，而不会无限度地拖延。如此一来，你烦恼的压力反而成了你的动力。一段时间后，你会发现，正是这种动力让你一直不停地进步。

02 从错误中吸取教训，而不是为错误烦恼

犯错误是常见的事。人的一生谁也不能保证不犯错误，但面对错误，不同人的不同态度往往才是导致错误对人产生影响的最终结果。

比如：同样一个数学测验，甲和乙同样考了 50 分。甲面对这 50 分的态度是觉得自己根本不是这块料，学不好数学，便开始放任自己，从此不再上数学课，于是数学成绩从 50 变成了 30、10。而乙认真分析了试卷的错误，然后把错题弄懂，在以后的学习中花更

多的时间去学习数学，于是乙的成绩从 50 变成了 70、90。为什么两个同样考 50 分的学生最后竟产生如此大的差距呢？原因并不在于这次数学测试本身，而在于他俩对这次考试的态度。甲是消极的，而乙是积极的。

可以预见的是，甲乙两人日后的路也各不相同。甲因为遇到问题时总是消极地抱怨，找借口、找理由，而最终一事无成；乙虽然也不免会犯错误，遇到失败，但乙每次认真分析错误的原因，并努力改进，最终成就了一番事业。

由此可见，错误并不可怕，而犯错误也不一定就意味着失败，你如何对待错误，这才是决定成败的关键。一个人对待错误通常会有三种状态：一种是前功尽弃型，即像甲同学那样，自暴自弃，破罐破摔，最终只能使糟糕的事变得更糟糕；第二种是抱怨型，即将错误归咎于自己之外的其他原因，然后不停地反复抱怨，然而当再遇到同类情境时，仍然照犯不误，然后又开始抱怨；第三种人就是进取型，即仔细分析自己的错误，从中吸取教训，保证下次不再犯同类的错误。

人人都知道应该做第三种人，但在现实生活中，并不是人人都做了第三种人。在很多时候，自己成了第一种或第二种人，而自己却没有意识到。人不应该重复犯错误，而应该从错误中吸取教训。因为这些教训是沉痛的，给人们留下的思考也是沉重的。不仅要从自身的经历中吸取教训，而且应把他人犯的错误引以为戒。人总是在不断地总结经验和教训中，使自己的思想境界不断地得到升华，能力不断地提高，人生不断地走向成功。

所谓吃一堑长一智，是经验的总结，是智慧的积累，是跌倒后爬起来的人对过去和未来的思考。错误和挫折教训了我们，使我们变得更聪明。因此，当错误出现时，不要再为错误本身烦恼，而要仔细思考以减少错误的发生。

第一，凡事无论大小，均要谨慎对待。在我们的工作中，大事还是很少，更多的是纷杂零乱的小事。只有做好这些小事，才能保证我们的工作正常、有序、高效地进行。"1% 的错误会导致 100% 的失败"绝非危言耸听。正所谓大事举重若轻，小事举轻若重。

第二，有"心"才能做"细"活儿。做一个细心的人，平时多观察周围的人和事，要多思考。面对一项工作，要通盘考虑，不能拿起来就干，毛手毛脚，多借鉴好的方法，抓住事物的本质。

第三，养成良好的工作习惯。在有严谨态度的同时，要有一个程序化的工作流程，以提高工作效率，保证工作质量。

第四，正确面对失误。一个人不怕犯错误，就怕多次犯类似甚至同一个错误。面对错误不能怨天尤人，要从失误中总结经验教训，举一反三，完善以后的工作，努力避免产生新的错误。

因此，不必为错误烦恼，错误不是失败，是我们前进的动力。

▨03 你若将烦恼放大，烦恼就会膨胀

现代人常常感觉活得很累，除了工作压力的原因之外，其中很大一部分原因是我们常常将烦恼放得过大，因而顾影自怜、难以自拔。

有这样一则笑话：从前，有一个主妇，不小心打破了一个鸡蛋。这本是一件很平常的事情，但是她想：鸡蛋孵化后会变成一只小鸡，小鸡长大后变成母鸡，而母鸡又能够下很多蛋……"天啊！"主妇痛苦地叫喊起来："我失去了一个养鸡场。"于是，这个主妇开始郁郁寡欢，最后竟一病不起。

看完后你可能会哈哈一笑，但在现实生活中，许多人都有与此类似的心理。很多时候，我们不自觉地习惯拿着放大镜对人看事，习惯将生活中遇到的那些不如意的事肆意夸大，使它们成为自己思想中压倒一切的东西，以致严重影响了工作和生活。

有些事情已经发生是不能改变的，我们能做的就是尽量缩小其负面影响，而你不断地去追究，只能使自己再一次受到伤害，从而放大了这种伤害。我们总是喜欢把注意力集中在令自己烦恼的事上，越集中越觉得不可救药，于是越想越糟。

人人手里都有一面放大镜，如果用它去观察痛苦的事，那么痛

苦就会放大；如果用它去观察快乐的事，那么快乐就会放大。在生活节奏加快的今天，我们更应该放松自己，不时地开导自己，尽自己最大的努力把烦恼减到最少。

那么，对现代人而言，该如何走出放大烦恼的误区呢？

第一，试着寻找放大烦恼背后的心理原因。比如：是否自己太过于追求完美、太看重事情的结果、太注重他人的评价等。

第二，正视现实的压力。烦恼的产生，常常因为一些我们不愿面对的现实压力、心理冲突，如婚姻的矛盾、工作的压力、人际的冲突等，我们要学会正视并及时解决，逃避只能使问题更为复杂和麻烦。

第三，寻找多途径的愉快来源。我们的愉快来源越多，就越不惧怕失落，越少痛苦和焦虑。

有人说，现在物质生活越来越丰富，但人们的快乐却越来越少了。那肯定是因为你将太多的注意力放在了烦恼的事上，而忽略了快乐的事。当你关注快乐的事越多，你会觉得生活越快乐。

Part8

学会与人相处，让烦恼远离

要想获得快乐的生活，就要摆正自己的态度，多看看别人的好处，学会用欣赏的眼光看别人，别人才会用欣赏的眼光来看你，而你的快乐就来自这种愉快的相处。

01 坦诚是与人相处的最好秘诀

人生有很多时候都是自寻烦恼。本来宁静平和的生活，你却非要为了满足自己的虚荣而制造一些不和谐的事，到头来只能是自讨苦吃。很多人困惑不知该如何与人相处，这使他们非常苦闷。于是，他们看遍各种与人相处交往的书籍，精心算计，不仅得不到预期效果，而且把自己搞得十分疲惫。

其实大可不必如此疲惫，生活本来是很轻松惬意的，为什么要将原本轻松惬意的生活变成烦恼、疲惫呢？与人相处，不管是家人、朋友，还是恋人，最好的秘诀就是坦诚相待，实事求是，真诚地说出自己的想法，不欺骗、不敷衍。你待人如何，人便待你如何。

吴锐是一个来自农村的小伙子，大学毕业以后便留在了大城市工作。工作了几年，自己的事业发展得很好，看着其他同学都已成家立业，他觉得自己也该找个女朋友了，但这让他有点为难。他觉得自己来自农村，老家贫穷落后，自己学历又不高。后来，一个偶然的机会，他认识了一个女孩。但在最初相识时，他不好意思说自己家在农村，便说了谎，说自己来自另一个城市。后来随着两人交往的深入，当说到工资时，吴锐再次犹豫了，他又说了谎，夸大了自己的收入。

　　吴锐心里暂时平衡了，但他又觉得这种平衡使自己内心不安。和女孩相处的那段日子，他忐忑不安，每天忧心忡忡，有时想告诉她实话，可每次话到嘴边却又收了回来。如此又过了一段时间。这天，有一个同学来找吴锐，两人好久没见，一见面就聊得很热乎。后来吴锐带着女朋友一起去和那个同学吃饭。酒过三巡，两人便说起了以前上学的事。原来两人从小一起长大，一起上的小学、初中和高中，后来吴锐考上了一所大专学校，而那位同学则留在家乡。这一次，正好那位同学的公司派他出差，他便来找吴锐了。同学见面，喝酒聊天，甚是痛快，可吴锐一高兴把自己的谎言全揭穿了。吴锐当时还没有反应过来，第二天一早，便接到了女友的电话。女友说他不坦诚，故意欺骗，提出分手。

　　就这样，两人分手了。吴锐心里很难过，但他怪不得别人，是他咎由自取，但他突然感到心里不再忐忑了。原来撒谎不敢坦诚面对别人，所以心里总是忐忑不安，如今谎言揭穿了，虽落得个孤身一人，但至少心里再没有了愧疚。这件事让吴锐明白，原来人与人相处最重要的就是坦诚。不管他来自农村也好，来自城市也好，也不管他收入高还是低，奠定人与人之间良好关系的基础是坦诚相对。

　　你对别人坦诚，别人对你坦诚，这样两人就能成为朋友；你对别人坦诚，别人对你不坦诚，你问心无愧，对方心里会不安；你对别人不坦诚，别人对你坦诚，那么你的心里就会不安、烦恼。

　　也许有人又犯难了，难道真的要想什么说什么吗？现实生活中，很多时候人们不愿意说出自己的真实想法，因为如果实话实说，很容易造成与他人的关系紧张，甚至遭人白眼。比如说某同事今天穿了一件很难看的裙子，你心里认为很难看，但肯定不会直说，否则你与该同事的关系肯定会闹僵。

但问题并不在这里。人们总会自觉不自觉地给自己的不真诚寻找理由。什么是坦诚？坦诚当然不是你想说什么就说什么，当然不是口无遮拦。坦诚不是没有一点隐私，在与人接触时将自己的全部晾给对方看。坦诚是指不隐瞒、不修饰本相而与人、与己、与天地真诚相见。

试着将自己的心门打开，坦诚地与人相处，你会发现，坦诚将会使你更有魅力。

02 与人相处，良性沟通更重要

提到沟通，可能很多人都觉得沟通是件很简单的事，就是与人说话呗，把自己的想法告诉别人，或让别人去办什么事。生活中到处都有沟通，这有什么不会的呢？的确，生活中处处都有沟通，但生活中并不是人人都会沟通。

沟通并不是简单意义上人与人的对话这么简单，真正的沟通是沟通人与被沟通人的关系趋于和谐，即所谓的良性沟通。打个比方，你想让同事帮你倒一杯水，你会怎么说？一般都会说："请你帮我倒杯水，好吗？"很少有人说："你，去给我倒杯水，听见了吗？"同样是倒水，第一种方式叫作良性沟通，而第二种方式不但同事不会帮你倒水，而且没准还会瞪你一眼。但这只是最基本的沟通，有效沟通不管在工作中还是生活中都能使你受益匪浅。

张涛在一家电器销售企业工作，他的工作就是销售家用电器产品。徐惠和张涛一起进的这家公司，同样是电器销售员。在短短两年的时间里，张涛就由销售员升为销售组长，接着又由销售组长升为销售主管，而徐惠仍然在当销售员。徐惠不明白，为什么同时进公司，又做同样的工作，张涛会升得那么快呢？而自己还只是小小的销售员。后来在公司的年会上，公司请了许多供货商来参加，几乎每一个供货商代表都与张涛十分熟悉，相互热情地问候，而徐惠几乎一个也不认识，只是在一旁呆呆地站着。年会结束了，徐惠终于明白了。原来，张涛在工作中经常注意与供货方沟通，并及时反馈产品的销量情况，而且很注意给供货商结账的日子，非常及时地给供货商结清账款，从不拖欠。因此，供货商给张涛供货也特别及时，而且经常根据经验和张涛所在店面的实际情况推荐合适的产品。和谐的供销关系、良好的沟通方式，使张涛的业务进展十分顺利，也使他经常超额完成工作。供货商们都对他印象很好，每次遇到问题，他都会积极沟通解决，而且照顾了双方的共同利益。这样的员工当然会步步高升了。

可见，良性沟通在我们的工作中是多么重要。经常有一些人，当工作中出现问题、需要双方共同协商解决时，往往只注重自己的利益，而要求对方怎么怎么样，甚至打电话时拍桌子叫嚷，更有甚者会恶语相加。而对方呢，你越发火他越不作为，把电话一挂，只当没有发生这回事。结果问题迟迟解决不了，双方的利益均受到损失，同时破坏了双方共同合作的良好关系，真可谓是得不偿失。还有的人觉得自己所在的部门是公司的重要部门，因此感觉其他部门都低人一等，其他部门的人都要为自己的部门服务。与其他部门沟通起来经常颐指气使，这种沟通也许暂时能达到你的目的，但长远来看，也许在未来的某一天，它将给你造成很大的阻碍。

在生活中，良性沟通就更重要了。就拿夫妻来说吧，妻子每天在家做饭等着丈夫，丈夫由于工作忙，下班时间总是不太固定，因此妻子的时间就不好把握。做得早了，丈夫回来饭就凉了；做得晚了，吃得也晚，就更耽误时间。一次，丈夫下班又晚了，妻子把饭热了一遍又一遍。丈夫一进门，妻子没好气地说："你晚回来能不能打个电话啊！你死人活人哪！"丈夫一听，也生气地说："我一天在外面忙，让你在家做个饭怎么委屈你了？"于是，一场争吵在所难免。这就是典型的沟通不良。妻子做饭本来是好意，而丈夫回来晚了也并非出于本意。就因为两人在沟通上出现问题，因此将矛盾激化了。和谐的家庭不是从来不遇到问题，而是遇到问题了懂得怎样去沟通、怎样使问题变小，而不是去激化矛盾。

生活中处处都有沟通。家长如何和孩子沟通，如何和孩子的老师沟通，还有小区的业主如何和物业管理人员沟通……这些都是我们在生活中需要面对的。沟通的确无处不在。有人每天烦恼，觉得事事不如意，经常与人争吵，吵来吵去，不又自己生气，而且问题也没有得到解决。有些人好像从来没有烦恼，事事顺心。其实，上天对每个人都是公平的，那些看起来好像从来没有烦恼的人并不是他们的生活中什么事也没有，而是他们懂得如何去处理这些事，如何用良性沟通使事情顺利解决。

做到良性沟通其实并不难，用积极的态变、平和的语言和设身处地为对方着想的方式去沟通，相信你会发现，生活中的那些烦恼就会慢慢消失，而你也会成为快乐的、事事顺心的人。

▬03 不挑人短，学会用欣赏的眼光看别人

人无完人，谁都不能否认这一点。世界上不可能有十全十美的人，再优秀的人都会有他的缺点，再失败的人也会有他的优点。

但在现实生活中，却很少有人能真正认识到这一点。仔细地想，我们在看他人时，往往总能一眼就看出对方的毛病，接着瞄准这个缺点，用放大镜加以放大，然后便觉得此人越发地不好。如果这个人跟自己没有关系，倒不至于影响自己什么，但如果这个人是自己身边的人，那么烦恼恐怕就会源源不断了。

吴梅刚结婚时日子过得红红火火的，她感觉自己很幸福。可过了一年多，吴梅的那种幸福感渐渐消失了。吴梅的丈夫在一家国企工作，工作稳定，但钱却不多。丈夫的性桙比较敦厚老实，内向不

爱说话。吴梅眼看着别人的日子越过越好了，而自己的日子还是没什么变化，心里就很着急。一天，吴梅的一个同学来家里做客。两人聊天说起近况，同学的老公很能干，钱不少赚，而同学也自然很得意。同学走后，吴梅更烦恼了。晚上，丈夫回来了，吴梅越看丈夫越觉得他没用：人太老实，不会说话，不会来事，干好几年了，在单位还是个普通员工，而且看不到任何发展前景。再想想那个同学，原来还和自己差不多，这两年一下子有了钱，过上了少奶奶的日子，心里真不是滋味。从此，吴梅对丈夫越来越冷淡，并且动不动就发火。后来有一次，吴梅去那个同学家做客，吴梅坐在沙发上，而同学在屋里忙个不停，一会儿擦地，一会儿洗衣服，一会儿又收拾屋子。好不容易收拾完了，又该做饭了。这一切吴梅都看在眼里，从同学家出来，吴梅回想自己的生活。自己在家几乎什么都不用做，洗衣服、收拾屋子全是丈夫动手，而做饭也只是做一些简单的家常便饭，如果要烧条鱼什么的还得丈夫亲自出马……吴梅突然又感觉到了自己的幸福。丈夫虽然没有那么能干，但他真心疼爱自己，关心自己，不让自己操劳。从此以后，吴梅学会了欣赏丈夫的优点、丈夫的与世无争、丈夫的关怀备至，而她再也不会像以前那样烦恼了。

很多时候，我们只看到了别人身上的一个黑点，而忽略了其他。只会看别人缺点的人必然也不受别人欢迎，别人也会觉得你为人不宽容、不厚道。别人对你有看法的时候，你自己内心纠结，产生烦恼，痛苦不断，就很容易与别人产生矛盾。这说明我们并没有用自己的智慧去看人，而是凭借一种感觉，这也说明了自己的不宽容，因此烦恼自生。

要想获得快乐的生活，就要摆正自己的态度，多看看别人的好处，学会用欣赏的眼光看待别人，然后别人才会用欣赏的眼光来看待你，而你的快乐就来自这种愉快的相处。

04 退一步，烦恼则少一分

人是感情动物，遇事很容易被感情左右。但实际上，人还应该是理性动物，每句话、每个行动，都应该是理智的。如果一个人任凭感情如洪水般激荡、倾泻而不进行控制，洪水定会泛滥，悲剧也会由此而生。一个人应该有控制情感的能力，即自制力。自制力不仅属于意志品质的范畴，而且是一个人心理素质的重要组成部分。强化自制力，对于刚从校门走出来的年轻人尤为重要。因为年轻人血气方刚，最易冲动；他们没有经历过大风大浪，把世界想象得格外美好，一旦遇挫，情绪极易发生波动。所以，年轻人必须学会控制自己的情绪。一个人如果有高度的自制力，那么他能克制冲动，并清除阻挡自己向目标前进过程中出现的恐惧、懒惰、贪欲等不良情感因素。

在不知道事情的真相时，我们很容易愤怒、烦躁或者不安。此时，不要一味向前冲，要停下来，向后退一步，仔细观察、体会这件事，也许会有不同的收获。退一步，并不意味着我们懦弱；退一步，能让我们有宽阔的视野，能让我们看清前进的道路；退一步，能让我们可以从容地审时度势，把情况分析得一清二楚，从而知道下一步该怎么走；退一步，能让众多矛盾消失于无形之中，从而使你的人生海阔天空。

小林和同事在工作中为一件小事而争吵，最后两人闹得不欢而散。回到家中，小林打开电脑，准备收发朋友的邮件。当她打开邮箱后，发现有一封邮件竟然是和自己吵架的那个同事发来的。小林想：白天她才和我吵过架，晚上就给我发邮件，她到底想干什么呢？

小林打开邮件，只听见"砰"的一声响，屏幕上显示出了一大堆乱码和马赛克，乱码上还有一片鲜红的颜色。小林一下子就急了，她知道这位同事是电脑高手，利用邮件发送病毒对她而言只是小儿科。此时，小林已经确信自己的电脑中了病毒。她在气愤之下，拿起手机就要拨同事的电话，准备将其大骂一顿。突然，她发现原本无字的屏幕上出现了一行字：请点击此处后退两步，然后再阅读这封邮件。小林不知道同事在搞什么鬼，心想反正也中了病毒，不如按提示后退两步。当她操作完成后发现：乱码和马赛克正以一定的次序逐渐组合在一起，最后形成了"抱歉"两个大字；那片鲜红的颜色则变成了一个心形图案。顿时，小林明白了同事发这封邮件的目的：用心道歉！想起白天的事，小林觉得自己也不是没有错，于是赶紧给同事回了一封邮件，也真诚地向对方表示歉意。两人终于冰释前嫌，在工作中又成了好搭档。

─ 05 与人相处，肯吃亏才没烦恼

古语说："吃亏是福。"可有人觉得不对。明明吃了亏，怎么会是福呢？而且吃亏心里就会不舒服，心里不舒服就会感到烦恼。这当然是庸人的见识，鼠目寸光。

人与人的相处是相互的。生活中，你若凡事只想着要争强、占便宜，时间久了，他人便会不愿和你相处，你也不会交到知心的朋友；生意场上，如果你只想着占便宜而不肯吃亏，那么你最终肯定做不了大生意。

做生意是这个道理，做人也是如此。如果与人相处时，处处都想着要占别人的便宜，最终吃亏的肯定是自己。

李娟就是一个爱占便宜的人。每次和同事出去吃饭，她总是怕掏钱，因此她每次总找借口让别人替自己付账，事后就假装忘了这回事。一开始，同事们也没觉得怎样，每次也不过就是十几块钱的小事，别人忘了，掏钱的人自然也不好意思开口要。但时间一长，同事们就觉得不对劲儿了，发现李娟很多时候就是故意在占小便宜。慢慢地，大家都不愿意和她一起吃午饭了。看着别人吃饭都有伴儿，自己落了单，李娟心里也觉得别扭，于是为此烦恼起来。

谁也不是傻子，谁也不会总是心甘情愿地吃亏，尤其当占便宜

的一方是故意的时候。老子在《道德经》里有一句著名论断:"祸兮,福之所倚;福兮,祸之所伏。孰知其极?"我们生活中的一得一失,都处在这种"福和祸"的转化之中,没有一成不变的利益,也没有永远吃亏的人。得失必然是循环不息的。明白了这个道理,便不难敞开心怀,用淡然的心境闲看每一次"吃亏"。

有时,可能这次你吃了亏,但往往得到的是更宝贵的东西。比如在某个项目中,出现了一些问题,然后超出了你的预算,但为了项目的质量和品质,你仍按原定计划完成了。虽然这个项目对你来说好像是亏了,但是换来了对方对工程质量的信任,创造了更广阔的合作空间。因此,如果用谋略的目光部署全局,就会发现这次"吃亏"反而是一种"盈利",赢得了对方的信任和与对方合作的更广阔空间。

人们常说"占小便宜吃大亏",也是这个道理。与人相处中,你肯吃亏,肯让步,别人就会知道你的好,会和你成为朋友,会在关键时刻帮助你。

Part9

调整自己，轻松应对烦恼

快乐的人并非没有烦恼，而是善于放下烦恼；幸福的人并非没有痛苦，而是善于超脱痛苦。人最重要的是拥有好的心态，以积极乐观的态度面对一切，你的一生将是豁达而明朗的。

▬ 01 善于忘记，选择做一个快乐的人

人是有记忆的动物。记忆对人类来说，是一件美好的事。我们会记得每一个感到快乐的时刻，会记得每一次收到的生日礼物，会记得每一次所获得的成功、赞美、荣誉……会记得的事有很多很多，快乐也就有很多很多。但有时候，人类这种特有的记忆却使我们感到痛苦和烦恼。有的人记得太多令自己伤心的事，记得太多令自己烦恼的事，记得太多令自己痛苦的事，于是这种记忆反而成了他的负担。他的记忆越深重，他的烦恼也就越深重。

有时候，应该学会选择性忘记，否则生活就会变得很沉重。日常生活中难免会有摩擦，如果为鸡毛蒜皮的小事斤斤计较，为陈芝麻烂谷子的事耿耿于怀，那么只会越陷越深，甚至无法自拔。

有一次，阿拉伯著名作家阿里和两位朋友吉伯和马沙一起旅行。三人走至一个山谷处，马沙不小心失足滑落，幸好吉伯一把拉住了他，将他救起。马沙被救后，十分感谢吉伯，于是在附近的一块大石头上刻下一行字：某年某月某日，吉伯救了马沙一命。三人继续往前走，来到河边，这一次吉伯和马沙因为一件小事吵了起来，情急之下，吉伯打了马沙一耳光。马沙十分生气，跑到沙滩上写下了一行字：某年某月某日，吉伯打了马沙一耳光。后来，三人旅行结

束。回来以后，作家阿里好奇地问马沙，为什么要把吉伯救他的事刻在石头上，而把吉伯打他的事写在沙滩上呢？马沙说："我永远都不会忘记吉伯救了我一命，而他打我的事，就让它随着风一吹消散得一干二净吧。"

马沙的做法是一种智慧，一种宽容。但在现实生活中，我们时常看到一些人，因为过去的一些事情而郁郁寡欢，总是沉浸在对往事的回忆和纠结中，无法珍惜眼前拥有的生活，更无力去追求未来幸福的一切。他们只会抱怨老天对自己不公平，让自己遭遇种种磨难、痛苦，每每想起来，就更加烦恼不已。但他们却不曾想到，过去的终究已成历史，再怀恨、再放不下也不会重新来过，而眼前的也没有好好把握。就这样，旧的伤痛忘不掉，新的机会又从身边溜走，只剩下一声悲叹。

快乐是轻松的，烦恼是沉重的。当沉重的烦恼越来越多，背负着烦恼前行的我们就会越来越累。因此，我们要获得快乐的生活，就要学会忘记烦恼。

学会忘记，其实是对别人的一种宽容，同样也是对自己的宽恕。人活一辈子，要面对种种困难，遭遇种种挫折，同样也会遇到种种快乐，拥有许多欢笑。我们要选择记住那些快乐的事，遗忘那些烦恼的事，这样我们的生活才会更加幸福美好。

想要忘记烦恼，就要学会调整自己的心态。不如意时不妨找一种迅速转换烦恼情绪的方式，或者投入一项自己最喜欢的娱乐或运动，或者让自己忙于眼前的事，总之使自己从那种消极情绪中走出来。

　　快乐的人并非没有烦恼，而是善于放下烦恼；幸福的人并非没有痛苦，而是善于超脱痛苦。我们应该像马沙一样，记住该记住的，忘记该忘记的，这样才能使我们的人生既丰富而又不至于繁重。

02 释放压力，不要让心过于敏感

　　不可否认，现代人压力越来越大，人们的行为举止也变得越来越小心。小心驶得万年船，这固然有道理，但过于小心敏感却常常使我们烦恼不堪。

　　在我们周围，常常会碰到内心过于敏感的人，以至于别人的一个细小举动或不经意的一句话就能使他们受伤。有时甚至别人还没感觉到什么，他们却怒发冲冠、恶言相向。

　　敏感的人总是满腹狐疑地打量周围的一切，对别人的言谈举止总能产生丰富的想象和关联，也就是我们俗称的"想太多"。因为想太多，所以原本八竿子打不着的事他却能靠各种想象把它们联系在一起，觉得这都是针对自己的，进而要么生闷气，要么与人发生口角。时间久了，众人觉得你不好相处，便不与你来往，而你也就渐渐地成了不合群的人。

　　千万不要奇怪，我们身边这样的人实在不少，而且许多都受过高等教育。因为他们过于敏感，无法忍受别人的一句批评、一句劝告，所以不但影响自己的心情，而且会降低工作效率。

过于敏感的人总觉得自己无论做什么事、说什么话、到什么地方，都有人在注意着自己。他们总觉得有人对自己的行为、品行指指点点，总以为有人在吹毛求疵地难为自己。但事实并非如此，也许别人从未注意过他。别人忙自己的事尚且应接不暇，哪有那么多时间去关注他的事呢？

现代人生活压力已经很大，如果不放松自己的心，而是将自己困在那些鸡毛蒜皮、捕风捉影的小事上，不仅自己活得累，而且会离愿望越来越远。因此，做一个快乐的人，不要让心过于敏感，学会与人多交往。在交往中，把心敞开，别人说的话不要胡乱猜测。不要看轻别人的人格，不要总觉得别人在幸灾乐祸。你用友善的眼光去看他人、对待他人，他人在你眼里就会变得更加可爱。

克服敏感的第二个方法就是增强自信。之所以敏感，多半是内心自卑，怕别人说自己，担心别人背后指指点点。这样的人平时就要多注意树立自己的信心、相信自己的能力、摆正自己的心态。当信心不断增强形成一种习惯时，你就会发现，那些怯懦、猜疑的毛病自然而然地消失了，而你的烦恼也将不复存在。

▬ 03 管得太多，给双方造成心理压力

在现实生活中，人与人之间并不是孤立的，而是会有各种各样的联系。只顾自己的人被人说成自私，不会受到他人的欢迎，但有时候管得太多，反而使自己和对方都增加烦恼。

人是有感情的动物，有爱憎、有同情、有怜悯。但有时这种情绪太重，就连自己都无法控制时便会产生不良的影响。比如：人都有同情心，看到别人遭遇了苦难，仿佛自己也经受了那种痛苦一样，就会产生心理上的共鸣，去帮助别人，希望别人把苦难倾诉出来，自己替别人开解。这本来是一种善良的举动，但有时候这种同情心过度，反而会给自己和对方都造成压力。

小吴就是个很热心的人，而且很有正义感，看到不平事她总要管一管。她在公司里经常帮助同事，在生活中也经常帮助朋友，所以她身边的人都十分喜欢她，但她自己经常烦恼重重。因为她的同情心很重，总是把别人的痛苦当作自己的痛苦，把别人的烦恼当作自己的烦恼，常常替别人出头，但结果总是别人的问题解决了，而自己却有了烦恼。她也经常劝自己，别人的问题别人自会解决，自己没必要跟着着急，然而每次遇到别人有问题时，她还是改不了自己的这个毛病。为此，她常常感到疲惫不堪。有一次，同事小常和

男朋友吵架要闹分手。小常哭哭啼啼地向小吴诉苦，小吴十分同情并安慰她，人生要经历很多，有快乐也有痛苦，都得去承受。小常回家了，小吴的心绪却跟着低落下来。过了几天，小吴想给小常介绍一个新男朋友，这样小常就不会再愁眉苦脸了。于是，她找到小常，结果没想到的是，小常跟男朋友和好了。小吴一听，气得说不出话来，转身就走。

从那以后，小吴和小常便不再说话了。小吴生气并不是因为小常和男朋友和好，而是小常并没有把跟男朋友和好这件事告诉自己。小吴一肚子气，觉得自己关心她、安慰她，结果他们和好了也不告诉自己一声，害得自己还在为她担心，还想给她再介绍一个男朋友，让她投入一段新的感情，从而将伤心忘掉。而小常也有气。虽然小吴是在自己伤心难过时安慰过自己，可这并不代表自己所有的事一定都要告诉她呀。去哪了，和男朋友发生了什么事，这都是她的私事，当初只是因为吵架不开心向小吴倾诉了一下，也不等于以后事事都得向小吴报告呀。本来关系不错的两个人最后形同陌路，小吴觉得自己没有错，小常也觉得自己没有错。

事情的关键并不在于是谁的错。与其说是小常翻脸无情，不如说小吴的这种"热心"给小常造成了压力。关心是好事，可什么事一过度，物极必反，就变成了坏事。我们身边可能也有这样的朋友，他特别热心，特别义气，事事关心，事事帮忙，但有时管得未免太宽。你家里所有的事，大到结婚生孩子，小到刷锅擦桌子，他都无一遗漏地要"管理"一番。朋友热心帮忙，应该真心感谢，但有时这种过分的热情却让人不知所措。人家不好意思和你正面冲突，就只好躲着你、回避你。而你更是满腹委屈，觉得天下人都负了你。于是，烦恼丛生。人生活在群体社会中，既是独立的，又不是独立的。人需要与身边的人相处沟通，但也同样需要各自的独立空间。一旦这个空间被人侵犯，就会使人感到不舒服，产生抵触心理。

有许多家长在管教孩子方面也是管得太多，事事干预，以致把自己弄得十分操劳，而且烦闷不堪，而儿女们也有各自的想法，无法产生共鸣。我同事的家里就是这样。同事和老公辛辛苦苦买了一套房子，父母担心他们不会装修，于是跑来监工。结果他喜欢这样，她非要那样，他说这里放这个，她又说那边放那个，如此一来二去，房子装得乱七八糟，谁也不满意。儿女有儿女的想法，有时家长们不必操太多的心，事情的结果反而会好很多。

不管怎么说，人生要增加快乐、减少烦恼，更不要自寻烦恼。少管一点，轻松一点，少操心一点，多享受一点，何乐而不为呢？

04 生气不如争气

生活中常遇到一些事，令我们大为恼火，甚至暴跳如雷；也有一些事，你虽然没拍桌子瞪眼睛，但是心里却在生闷气，这种闷气不但不会很快消退，反而使你越想越不舒服，有时甚至会做出一些不理智的行为。

康德曾说："生气是拿别人的错误惩罚自己。"世界上没有过不去的火焰山。谁也不能保证自己一辈子不会遇到生气的事，生活中少不了让你抓狂的事。但问题是，生气有用吗？能解决问题吗？没错，如果你因为生气而生气的话，那就是在惩罚自己，别管这个错误是谁犯的。这样的人无疑是愚蠢的。

你生气，心情就不好，心情不好就做什么都没精神。这看似是一件小事，但有时稍不留神，便会发展成大问题。

有时候，我们生气并不是因为自身的原因。有时候，我们遇到了困难挫折，有的人却嘲笑我们，这时你生气更是没有用的。因为困难既不会因为你生气而变好，别人也不会因为你生气而对你改变态度。与其生气，不如努力使自己变得更强大。静下心来，问问自己为什么会生气，如果因为遇到困难而毫无办法，那不如敞开胸怀，研究问题的根源在哪里，然后再去努力解决。

人生有顺境也有逆境，不可能事事如意；人生有巅峰也有谷底，也不可能处处是谷底。因为顺境或巅峰而趾高气扬，因为逆境或低谷而垂头丧气，都是浅薄的人生。面对挫折，如果只是一味地抱怨、生气，那么你注定永远是个弱者。人最重要的是拥有好的心态，以积极乐观的态度面对一切，你的一生将是豁达而明朗的。

Part10

克服恐惧，把它从内心赶走

恐惧是一种负面情绪，要想消除恐惧，首先就要正视恐惧的存在。如果它来了，我们认真面对，如果它还没来，就好好珍惜当下。如果你将精力的重心放在担心恐惧上，那么你担心的恐惧真的会在某一天不请自来。

一 01 正视你内心的恐惧，然后慢慢放松

当被问及生活中有没有令你恐惧的事时，很多人可能都会摇头。一时间可能想不出有什么事令自己感到恐惧。但有时生活的确是令我们非常不安。我们不禁要问，到底是什么令我们如此不安呢？

首先，就是对贫穷的恐惧。可能大多数人觉得自己并不贫穷，因此也没有对贫穷产生恐惧。但现实的压力、物价的飞涨、住房的紧张等各种各样的问题都排着队来到我们的面前。即使你现在有一份可以维持生计的工作，有一套不大不小的住房，有一辆四个轮子的车，可你仍会时时处于不安中。你会想，自己的工作会不会长久？万一有一天失去了这份工作，房贷、车贷、日常消费等要拿什么来支付？

小梁就面对着这样的问题。他在一家外企上班，月收入 1 万元，每月要交房贷 5000 元、养车 1500 元，孩子花费 2000 元，再加上一些日常生活开销，算下来这一个月的工资基本就剩不下什么了。而小梁的妻子一个月收入 3500 元，基本上用作一家人的生活费用，一个月下来也攒不下什么钱。小梁日日忧心忡忡，现在竞争这么激烈，万一哪天自己失业了，这一家老小怎么办呢？

也许有人觉得小梁的担忧有点杞人忧天，工作好几年基本也稳

定了，哪能说失业就失业呢？再说就算这家公司倒闭了，只要有经验、有能力，到别的公司也是一样。此话倒也有理。但小梁接下来又产生了第二个恐惧——对生病的恐惧。人不是神仙，吃五谷杂粮，难免会生病。这生病可大可小，要是感冒发烧一类小病也就算了，万一生个大病，不能上班了，这一家的生计又将如何维持呢？小梁有一个同事就被查得了肝病，结果这个司事不得不辞职去治病。公司虽然慰问捐款，但比起高昂的医药费，实在是九牛一毛。于是，小梁更加担心，万一自己生病了，怎么办呢？

比起小梁的担心，小梁的妻子也有自己的担心。女人的担心可能比男人更具体感性一些。与小梁结婚有六七年了，对夫妻来说要面对七年之痒。小梁正是事业有成、魅力正显的时候，而自己随着岁月的逝去，慢慢变老，脸上的皱纹也渐渐增多。一方面是对年龄的恐惧，另一方面则是对害怕失去婚姻的恐惧。

这些恐惧都是实实在在存在于我们生活中的，人人可能都会面临这样的恐惧，而更令人恐惧的是，我们面对这些恐惧却毫无办法，只能任由它折磨自己的内心。太多的恐惧使我们喘不过气来，也使我们不敢对未来有任何奢望。很多时候，我们只能像孩子那样希望一觉醒来，发现这些原来只是一个噩梦。但它不是噩梦，于是我们又陷入了失望中。

恐惧是一种负面情绪，时时干扰着我们的生活，要想消除恐惧，首先就要正视恐惧的存在。不错，失业、疾病、衰老、失去亲人、离婚……这些都是我们面临的挑战，但我们至少可以不让这些恐惧没日没夜地折磨我们。人生短暂，如果我们把短暂的人生用来恐惧，那么得到的只能是恐惧的生活；如果我们用短暂的人生去快乐，那么我们得到的就是快乐的生活。

面对这些恐惧，放松我们的心情，疾病、老去、失去亲人这些都是我们无法抗拒的。如果它们来了，我们好好面对；如果它们还没来，就好好珍惜。如果你将精力的重心放在担心恐惧上，那么你担心的恐惧真的会在某一天不请自来。因为你整日处于忧虑的情绪当中，这种负面情绪时时影响着你，使你神经紧张、压力不断，日久天长你的健康就会受到影响，而你所恐惧的恐怕就真的离你不远了。所以，请正视你的恐惧，然后慢慢放松，好好享受现在的美好生活吧。

02 其实事情并没有你想象的那么可怕

孟女士刚刚离婚了，她觉得她的生活糟透了。她不想工作，但迫于生计又不得不去工作。在办公室，她不敢与人说话，怕人问起自己的生活状况，她无言以对。与人聊天经常是没说两句，便推脱自己有事匆忙离开了。同事们觉得她越来越古怪，话也越来越少，谁也不知道孟女士是怎么了。后来，孟女士向一位朋友诉说了心声。她今年40岁，女人到了这个年纪基本已是人老珠黄，本来稳定的家也没了，而迫于生活的压力和经济状况，孩子也给了丈夫。原来一下班，孟女士就会准时去买菜，再去学校接孩子，然后回家做晚饭。本来三点一线的生活她已经习惯了，现在突然好像有什么东西被抽离了，她再回到空空的家里，什么也没有。她也没有心思做饭，经常就是泡一包方便面，或干脆就不吃了。这样的生活让她很害怕。于是，每天下班以后，她无处可去，只有留在办公室里对着电脑发呆。她害怕这种冷清的生活，也害怕别人知道她的近况，更害怕别人知道以后会在背后嘲笑她。后来，孟女士终于病倒了。

纸包不住火，孟女士病倒后，她离婚的消息也传开了。刚开始，大家议论纷纷，猜测离婚的各种原因，还谈及孟女士的近况。但不到一周的时间，大家就有了新的关注点，孟女士的问题就被遗忘在了角落里。孟女士病好后，很犹豫要不要去上班，因为她知道同事们都知道了自己的事，害怕看到同事们的眼光，更害怕听到同事们背后会有什么议论。可不去上班能怎么办呢？总还是要生活下去的吧。于是，孟女士顶着压力去了公司。一进公司门口，前台和往常一样和她打招呼。她愣了一下，然后苦笑了一下走到自己的座位上。接下来这一天令孟女士很惊讶，所有人都像往常一样忙于自己的工作，聊天的内容是昨晚看的电视剧，或今天哪个商场的衣服有折扣。对孟女士的态度也一如往常，并没有任何变化。孟女士的心总算放下来了，她顿时觉得特别轻松，仿佛从来没有这样轻松过。

很多时候，是我们把恐惧想得太大、太可怕，以致我们不敢看它一眼。其实它往往很小，小得像一块松脆饼干，轻轻一掰便碎了。孟女士离婚了，觉得这个世界仿佛都要塌了，人们会不会像看怪物一样看待自己、议论自己。其实人们的兴趣往往只停留在最初知道事情的那几天而已，稍后就会被他们遗忘得一干二净。

同样的道理也适用于工作。当年全美陷入经济大萧条的时候，希尔顿苦心经营的旅店业也受到了严重影响。眼看着身边熟悉的人一个个愁眉苦脸、惶恐度日，有的甚至选择了自杀，而自己也无可避免地陷入困境而一筹莫展。在他万分沮丧的时候，他的母亲对他说："现在有人跳楼，有人沉沦，也有人向上帝祷告。你千万别泄气，一切都没那么可怕。"后来，希尔顿在亲友与母亲的帮助下，不仅成功振兴了旧产业，还大胆投资石油，终于绝处逢生，闯出了一条光明的道路。

"没那么可怕"——正是这句话给了他力量，使他在困难中坚持到了最后，最终战胜困难取得了胜利。生活中我们不妨也时常用这句话来提醒自己：没那么可怕，一切都没那么可怕。我们所恐惧的其实是我们夸大了的样子，而我们往往会被自己制造的恐惧吓倒。所以，在面临窘境时、在应对巨大的压力时，坚持微笑着朝前看，不做毫无意义的哭泣和抱怨，让心情轻松愉快，才能让自己的勇气和动力更强大，如此才能扭转危局，从而走出困境。

勇敢地面对生活。"没那么可怕"——这是一句神奇的话。告诉自己能够战胜困难，其实它没那么可怕。

03 克服恐惧的三个有效办法

生活中总有太多的事情让我们感到恐惧。大到死亡威胁，小到一次公众演讲，或者一次商店退货的经历。

总有些事令我们担心害怕，所以我们会更加谨慎。但如果恐惧控制了我们，或者阻止我们去冒一定程度的风险，而将我们的思维及活动限制在足够安全的范围内，我们将会举步不前，无法挖掘自身的潜力。那么，面对恐惧，我们该怎么办呢？

首先，放松心情，要意识到恐惧并不是你一个人的，每个人都有恐惧。明白了这个道理，就不用再恐慌，觉得自己像被扔进了黑暗世界一样孤苦无依。其他人可能不会害怕你所害怕的事物，但每一个人总会害怕一些事物，明白了这点可以帮助你在面对恐惧时感觉并不孤单。你不是一个人在战斗！在某些方面的恐惧并不能说明你是一个懦弱的人。比如你害怕某件事的发生，但也许一些人可以帮助你，或者给你一些好的建议，从而让你采取行动避免这件事的发生。比如：希尔顿如果当初和其他人一样恐惧，慌张无措，甚至跳楼自杀，那么今天也就没有著名的希尔顿酒店的存在了。在困难面前，恐惧的不止你一个，总会有人心存希望、心存动力，这些人就是你的同伴，你要联合起这些人的力量，然后一起努力面对恐惧，最终战胜恐惧。

其次，很多时候，你并不需要立刻完全地战胜恐惧。当恐惧出现时，不用太过紧张，也不必马上去克服它。先稳定好自己的心态和情绪，然后将这种恐惧慢慢拉长，把它融化到生活中去。比如：你恐惧考试，那么从现在起给自己定下任务，将对考试的恐惧平均分散到每一天中。比如：你害怕10个单词，那么今天就把这10个单词背会掌握，然后明天把恐惧定为某种句型，然后再攻克。这样分摊恐惧并消除恐惧，等到考试那天，你会发现，你所害怕的恐惧突然之间就消失了。

再次，尝试着将恐惧作为自己成长的机会。很多时候，生活中的恐惧并不是因为现实真正的可怕，而是人们内心里的"魔"。恐惧来源于内心的焦虑和紧张，也就是一种紧缩感。恐惧没有办法被扼杀，也没有办法被控制，它只能被了解、被化解。如果你试着去控制它，它将会受到压抑，继而进入内心更深处，对你非但不会有所帮助，还会把事情弄复杂。有时，恐惧也来自于内心的欲望。当你想做一件事，又害怕不能做成时，也会产生恐惧。当有恐惧时，看看它来自哪里，是什么欲望产生了这种恐惧，然后想想它的无用性，也许能更好地化解。除此之外，其实恐惧也深藏着巨大的能量，正如愤怒或恐惧时，你的爆发力会是平时的三四倍，你可以借助这种力量做到平时无法做成的事。

Part11

改变陈旧的观念，给生活增添光亮的色彩

面对烦恼一笑而过，用平和的心去化解，这是一种境界。当我们无法改变别人的看法时，可以试着改变自己的做法。观念改变并未改变事物的本身，改变的只是对事物的认识，观念可以改变人，人可以改变世界。

01 看不惯的越多，你的烦恼就越多

李姐是公司的老员工了，在公司快10年了，大家都很尊重她。随着公司慢慢发展壮大，招募的新人越来越年轻化，有很大一部分是90后。这些90后年轻有朝气，也为公司注入了新的活力。可李姐对这些90后越看越不顺眼。

在李姐的眼里，这些90后整天穿着奇装异服，头发染得五颜六色，手机换得一个比一个快、一个比一个新潮，都是最新最流行的款式，而且都价格不菲，而工作上总是毛毛躁躁、不踏实。李姐身为"元老"，自然要唠叨唠叨。开始还管点用，可时间一长也就不管用了，大家还给她起了个外号，叫"老太婆"。李姐知道后简直气炸了，更加对这些90后看不惯了。

现在职场新人中，大多都是90后。前些年人们对80后太多诟病，常看不惯80后，认为80后大多是独生子女，自私、生活能力差、冷漠、缺乏责任等一系列的"帽子"扣在了80后的头上。现在80后长大了，90后正在成长，于是这些矛头又全部对准了90后。在众人眼中，90后做事有点标新立异，行为有点张扬，说话缺少分寸，打扮得不伦不类，整个儿一个非主流。报纸上就报道过一则新闻，说90后女儿上衣穿得很"哈韩"，下面穿个吊裆裤，歪着扎马

尾，刘海长得接近上眼皮。60后的父亲很看不惯90后女儿这身装扮，又无可奈何。为穿着问题，父女俩三天一小吵，五天一大吵。看来，这种看不惯的问题越来越多了。

其实，对待90后也好，对待80后也好，或是对待其他人也好，都不必如此看不惯。从大的方面说，每一代人有每一代人的特点，每一代人有每一代人的时代印记，不可能要求不同时代的人都是同样的衣着穿戴。时代发展了，过去我们联系主要靠信件，后来有了电话，再后来有了电脑，有了视频，有了微信，飞速发展的时代使我们的生活发生着日新月异的变化。而90后一出生就是在一个人人都使用电脑、手机的时代，他们有他们认知世界的方式，他们有他们行为的准则。80年代流行的衣服90后接受不了，同样现代流行的那些视觉系打扮，60年代的人也接受不了。这并不是谁对谁错的问题，这是时代造就的不同时代人的特点。因此，不管是李姐也好，还是那位60后父亲，大可不必为"看不惯"而烦恼。记得有一次，记者问作家莫言如何看待80后？莫言笑笑，回答说："我不回答这个问题，我只知道未来有一天，中国的领导人会是80后。"

这是一个睿智的回答，也是一个具有发展眼光的回答。的确，时代在进步，时光在流逝，人类也在成长。不管80后还是90后，早晚有一天，他们会成为这个社会的中坚力量，会撑起这个社会，而不管你是否看得惯。

从小的方面说，日常生活中，经常会有人看不惯这，看不惯那，看不惯某人穿的衣服，看不惯某人说话的方式，或是看不惯某人走路的样子……结果不仅与对方的关系处理不好，而且给自己增加了烦恼。

如果仔细分析，你就会发现，看不惯的人就真的那么让人看"不顺眼"吗？当然不是，因为这些你看不惯的人的身边也有很多好朋友，也有很多关心爱护喜欢他的人。也就是说他不是绝对的令人生厌。之所以我们看不惯，是因为我们站在自己的角度，按自己的标准去看待评价别人。原来衡量别人的尺子是自己设定的。既然别人的性格是天生的，我们不容易去改变，那最好的办法就是改变"衡量别人的尺子"。

佛法有云，众生皆有佛性，众生皆平等。每个人都有他的优点和缺点，你之所以看不惯，可能恰恰是你将目光放在了别人的缺点上，因此越看越不顺眼。如果能多站在对方的立场，并试着多理解对方，你就会发现，一切会变得与众不同。

02 不要预支烦恼

很多时候，我们总是在为一些未来无法预知的事烦恼，比如有人担心万一自己生病怎么办？万一自己有一天被解雇怎么办？或者是自己参加了一个面试，担心自己没被录取怎么办？诸如此类的问题多之又多，仿佛整个世界的问题也没有我们的问题多。我们如此担心，但对于我们所担心的这些"怎么办"，却又无能为力，只能坐等这些担心的事发生，然后唏嘘哀叹。

有一个故事说，从前寺里有一个小和尚，他每天要负责清扫院中的落叶。然而这并不是一个轻闲的活儿，尤其到了秋天，落叶无数，常常是前面刚刚扫过，后面又落了满地。这天，小和尚又在院中扫落叶，他扫了一遍又一遍，还是没有扫完。他为此很头痛，皱着眉头，烦恼不堪。他盯着树上的叶子，苦苦思索，终于想出一个办法。他挨个使劲儿地摇晃院里的树，摇下来许多树叶，然后把这些落叶全部扫光。这下，小和尚心满意足地回去了。第二天，小和尚又来到院子里一看，傻眼了，又是一地的落叶，一点儿也没比昨天少。这时，方丈走过来，对他说："傻孩子，不管你今天多么用力地摇，明天地上依然会有落叶啊。明天的落叶就明天扫吧。"

是的，明天的落叶就放到明天去扫，今天是扫不完的。就像我们不可能把人生的所有烦恼统统聚集在一起，然后一起消灭一样。有句成语叫"自寻烦恼"，就是在告诫人们：许多烦心和忧愁都是自己给自己绑的绳索，是对自己心力的无端耗费，无异于自己设置虚拟的精神陷阱。只要好好把握现在，什么事情都可能出现转机。所以，请不要预支烦恼而使自己增添无尽的烦恼。

03 一件事，当你改变不了的时候就接受它

从前有一个国王统治着一个富足的国家。一天，他徒步来到一个较远的地方视察工作。因为走了很远的路，在返回宫殿的时候，他感到双脚十分疼痛，这毕竟是他第一次步行出远门，而且所行之路崎岖不平、沙石遍地。于是，国王下令将全国的道路统统铺上皮革。大臣们纷纷议论，有人说这需要成千上万张牛皮，要花费大量的资金；有人说这劳民伤财，需要大量的工人。这时，一位大臣斗胆向国王建议道："英明无比的国王陛下，您没有必要花那么多无谓的冤枉钱啊，您只需割下一小块牛皮，包着您尊贵的龙足，就可以达到同样的效果。"国王一听，惊讶不已，很快就接纳了建议，为自己制作了一双"牛皮鞋"。

这位大臣的机智使国家和人民避免了一场灾祸，但生活中有一些事，也许以我们的能力并不能使之改变。比如：有一位员工因为家住得比较远，而公司又上班比较早，于是他总迟到，每月发工资时，他都要因迟到被扣几百块钱。他每次都抱怨公司为什么这么早上班，明明可以像其他公司一样晚一点，而且他每次只是迟到几分钟，而扣的钱却是按半天工资计算的，他觉得这很不合理。但推迟时间上班和迟到扣多少钱的事并不是他能左右的，所以他仍然是继

续迟到，继续被扣工资，于是每次发工资时他都闷闷不乐、牢骚满腹。

这样的人势必不会快乐，势必会被烦恼围攻，他自己走不出来，又无能为力改变这种状况，于是陷入恶性循环之中。生活中这样的人并不少见，他们苦恼抱怨的是自己无能为力的事。当一件事我们无能为力去改变的时候，不妨从其他方面入手。既然这个问题是不可改变的，那么就试着接受它，然后想出应对的办法。比如：这位员工，既然上班时间改变不了，那就接受这个时间，然后从自身出发想办法，是不是可以搬得近一点，或晚上睡得早一点，这样就能起得早一点，比平时早搭一班车，这样就不会迟到了，而到每月发工资的时候也不会因为迟到扣工资而感觉郁闷了。其实，很多事并不像我们想象的那样铁板一块，当我们抱怨一件改变不了的事的时候，不如停止抱怨，转而去接受这个现实。尔会发现，其实一切都没那么糟。

很多人的情绪都会受到环境的影响，比如当阳光明媚时心情开朗，做事也有干劲；而阴雨绵绵之时便会情绪低落，做什么都提不起精神来。但是外界环境是客观的，而我们的心情则是主观的，我们不能改变外界环境，不能让阴天变成晴天，但我们可以控制自己的主观感情。也就是说，你的快乐与不快乐，完全取决于你自己。

当一件事改变不了的时候，就选择接受它。这并不是一种懦弱的妥协，相反却是一种宽阔的胸怀。一颗宽广的心能接受世间任何事情，而不会为琐事耿耿于怀。每个人都想拥有顺心如意的生活，但是谁都知道这是不可能的事，地球不会按照你一个人的意志来转动。往往人们都忽略了这一点，总是希望别人或是周围的环境来适应自己，却不知道要主动去适应别人和周围的环境。

当一件事改变不了的时候，就选择接受它。这不是一种退让，而是一种睿智。有一些事当我们无法解决和处理时，不妨坦然接受，不要反抗那些不可更改的事实，而要用节省下来的时间去做一些有意义的事情。如果你一直将眼睛盯在烦恼上，烦恼就会紧紧跟随着你；如果你能放眼四周，你的生活也会随之改变。

04 事已如此，"不要为打翻的牛奶哭泣"

当你失去一件非常珍贵的东西时，你会怎么做？是耿耿于怀，沉湎其中，还是从中吸取教训，努力提高自己？大部分人的回答肯定都是正向的，但事实上能做得到的人并不多。

普京总统生于彼得格勒的一个普通工人家庭。他小时候身体并不强壮，比起其他同龄孩子身高要矮半头，而且瘦小得多。为了弥补身体上的不足，普京就去一个俱乐部跟著名教练拉赫林学习摔跤，之后又学习了柔道。普京的悟性很高，又十分努力。几年后，普京的功夫就有了很大长进。结业那天，道场举办了一场学生成绩汇报会，所有学生的家长都去了，普京的母亲也去了。根据规则，32个学生分成4人一组，组对厮杀，前两名直接晋级，然后再分为4人一组，直至决出冠亚军。前几轮，普京发挥出色，都是轻松击败了对手。接下来，就要面对争夺冠军的决赛了。

比赛采用的是三局两胜制。第一局，教练刚喊了声开始，对方趁普京行礼之时，就突施冷手，给普京来了个背摔。普京一时来不及准备，被打得措手不及。再想反抗时，已然来不及了。到了第二局，在双方僵持不下时，普京先发制人，给对方来了个旋风腿，然后借势抓住对方的衣领，将对方重重地摔倒在地。第三局，普京充分发挥了自身轻灵的优势，巧妙运用借力，但对方实在太强大了，硬是将普京压在了身下。最后，普京输掉了比赛，得了第二名。

回去的路上，普京一直闷闷不乐，因为那是他人生的第一次"比赛"，他对这个冠军看得非常重，然而自己却失败了。

回家后，他本以为母亲会责怪自己。他委屈地对母亲说："那家伙虽然比我高很多，块头也比我大很多，但在平时的训练中他是很少赢过我的啊。妈妈，你知道，这个冠军对我来说是多么重要，而且它本来是属于我的，可……"说着，说着，普京竟伤心地哭了。

看着小普京难过的样子，母亲微笑着摸了摸他的头说："看你这副样子，不就输了一场比赛吗？以后类似于这样的比赛多着呢。"普京一听，停止哭泣，只听母亲接着说："其实，无论多么不妙的事情，一旦成为过去，你就没有必要再为它伤神和影响以后的生活了。有一句话说得好'不要为打翻的牛奶而哭泣'，所以你要学会从失败中吸取教训，当然，最好不要总是打翻牛奶。"

自从那次比赛后，普京记住了一句话："不要为打翻的牛奶哭泣。"走出校门后，普京又多次遇到类似的竞争，但再没有因为不如意而影响到自己的心境。也许正是有了这种心态，普京在克格勃工作的那段时间，因为表现出色，多次得到嘉奖，直至后来被叶利钦慧眼相中。

很多时候，我们总是因为"一瓶打翻的牛奶"而苦恼不已，而我们忘记了打翻的牛奶已不能收回，我们唯一能做的只是把剩余的部分整理好，并提醒自己下一次不要再打翻它。生活中可以看到很多人因为一场考试的失利，或没有把握住一次机会而懊悔不已，好几天茶饭不思，寝食难安，甚至大病一场。过去的已经过去，无论你认为自己当时本可以表现得更好，或是十分不甘心，都已经不再重要了。人生是一个不断向前的过程，如果你只停留在某处，永远都不会欣赏到未来的风景。

"不要为打翻的牛奶哭泣"成了一句哲理，它告诉我们要学会向前看，要学会吸取教训，要学会保护自己的内心，不要让内心脆弱到稍微发生一点意外就被刺伤。幸福的人生不是给自己找烦恼，而是让自己远离烦恼。如果下一次你不小心打翻了牛奶，记得告诉自己：不要为打翻的牛奶哭泣。

05 求人不如求己

一个人在屋檐下避雨，见一禅师撑着伞走过，于是喊道："禅师！你慈悲为怀，普度众生，请度我一程吧！"

禅师说："我在雨中，你在屋檐下。屋檐下无雨，你并不需要我度。"

这个人马上走出屋檐，站在雨中，说："现在我也在雨中淋雨，你该度我了吧！"

禅师说："你在雨中，我也在雨中。我没有被雨淋是因为我有伞，是伞在度我；你被雨淋，是因为你没有伞。所以你不需要我度，请去找伞！"说完禅师就走了。

与其靠别人来救自己，不如自己解救自己。生活中有许多事让我们很被动，我们总渴望有人来拯救自己，从而脱离烦恼的深渊。

一支军队驻扎在一个村庄旁边。村里的一个小男孩非常喜欢接近军队里的士兵。时间一长，他和驻扎在这里的士兵都成了好朋友。有一天，一个士兵对小男孩说："这个星期天军队休息一天，我带你到船上钓鱼，早上五点钟去接你。"小男孩听完高兴不已，因为在船上钓鱼一直是他的梦想。

为了不迟到，星期六的晚上，小男孩穿戴整齐，和衣而卧。他兴奋得睡不着觉，在床上翻来覆去，仿佛看到海里的鱼在天花板上游来游去。小男孩在凌晨三点就起床了。他拿出渔具箱，带上备用的鱼钩和鱼线，给鱼竿的轴上好润滑油。他还准备了两份花生酱和三明治。四点钟的时候，鱼竿、渔具箱、午餐以及满腔的热情，全都准备好了。小男孩坐在家门口的路边，在黑暗中等士兵来接他。

可是，士兵一直没有出现。

是放弃还是自己去钓鱼？这可能是他一生中学会自立的关键时刻。终于，小男孩做出了最正确的选择，决定自己去钓鱼。他没有因为士兵的爽约而对他人的真诚产生怀疑；他也没有大发怒火，向自己的家人和朋友诉说委屈。他取出自己积攒的所有零钱，在早市的售货摊上买了一条简陋的单人橡胶救生艇。直到中午，他才把橡皮艇打满了气。小男孩把钓鱼的用具放在救生艇里，然后把救生艇顶在头上，神气地走向海边。他努力把橡皮艇推入海中，然后摇起桨，像是启动了一艘豪华大油轮，这种感觉非常棒。

那天下午，小男孩在海上钓了一些鱼，大口大口地吃掉了三明治，还喝了水壶里的果汁。这是他人生中的一个高潮，也是他一生中最有价值的一天。

小男孩长大后在事业上取得了极大的成功，他永远都记得小时候的那一天。那天生活给他上了宝贵的一课："首先是士兵朋友教给我的。他说要带我去钓鱼，但是因为种种原因没有去成，这让我明白一个人仅有好的意图并不够，还要有践行能力。其次是，我想钓鱼，可是由于士兵朋友的爽约，我的希望落空了。但是，我用自己的努力实践了原定计划，使自己的愿望成真。那天，我想只要鱼儿上钩，世上就没有任何烦心的事了，结果鱼儿真的上钩了！"

人只有自立，依靠自己的力量才能实现梦想。谁都可能会对你失约，但只要你对自己不失约，一切愿望皆可成真。

06 改变思维定势，打破烦恼的笼子

据说在公元前233年的冬天，亚历山大大帝出兵亚细亚。当他占领亚细亚的弗尼吉亚城后，就听说城中那个著名的故事：几百年前，弗尼吉亚的戈迪亚斯王在他的牛车上系了一个复杂的绳结，并预言，谁能解开绳结谁就会成为亚细亚王。之后，无数人涌入城中，其中包括许多国家的武士和王子，他们都试图解开戈迪亚斯的绳结，可是谁也没有成功。

亚历山大对这个预言非常好奇，就命人带他去看绳结。在朱庇特神庙里，这个绳结依然完好如初。亚历山大细心观察、揣摩这个复杂的绳结，但始终没有头绪。心灰意冷之时，亚历山大想："我为什么不用自己的方式打开这个绳结呢？"于是他拿出一把刀，一刀就把绳结斩成两半。数百年的难解之结，就这样被解开了。

这个故事告诉人们：不要墨守成规，被既定思维控制。遵从自己的行事规则，只要勇于打破常规，定能取得一番成绩。

下面这两个精彩的商业案例也说明了这一点。

第一个案例：在德国戈尔德曼出版社下属的书店里，每年都会丢失很多图书，店里的工作人员对小偷防不胜防。到了年底，被偷图书的名称和数量都会被整理出来，登记在表格上，悬挂在书店里，提醒员工要格外注意这些书。一天，出版社的负责人在书店巡视时看到了这张表格。他灵机一动，想出了一个计划，那就是出版这些被偷次数最多的书。

德国法兰克福每年都会举办一场大型书展。为了在书展上拔得头筹，每个参展的出版社都会不遗余力地使用各种方法宣传、推销自己的图书。但是，这一次书展上，戈尔德曼出版社成了最大的赢家。他们的宣传别具一格，他们向书商展示了一份"被偷窃次数最多的十大德文书籍"名单。结果，这份名单吸引了众多经销商前来订货。因为在经销商看来，出版社的广告和宣传都有注水的嫌疑，但是被偷次数最多的图书肯定是读者最喜欢的，既然读者喜欢，那么这些书必定会成为最畅销的书。

第二个案例：我国甘肃省天水市盛产苹果。每到收获的季节，全国各地的水果贩子都会涌入此地。有一个卡车司机家住兰州，有一年他的车被一个水果贩子包下了，往返兰州和天水市运苹果。两地苹果的价格相差很大，家人都劝司机不要给别人干活了，自己搞贩运。可是，司机并没有这样做。在给水果贩子拉货的过程中，他发现了一个现象：所有水果贩子都自己带着包装箱到天水市拉苹果。也就是说，天水市没有纸箱厂，这可是一个巨大的市场空白啊！

　　司机暗自盘算，"如果自己在天水市开一家生产纸箱的厂子，全国各地的水果贩子来天水市进货就不用自带包装箱了，他们就能省下一大笔费用。如此一来，谁会不用自己的产品呢？他们赚别人的钱，我就赚他们的钱。没准还是我赚的多呢！"经过一番思索，司机卖掉了卡车，又借了一笔钱，在天水市开办了天兴纸箱厂。为了让水果贩子们都知道这个消息，他还在全国十几个省份的报纸上打出广告。

　　事情的发展果真如他分析的那样，订单如雪片般从全国各地飞来。在天水苹果丰收时，他的纸箱更是供不立求。他不得不添置生产线，扩大生产规模。

　　实际上，在生活中这种打破既定思维、"另辟蹊径"成功的例子非常多。

　　在飞速发展的今天，"愚公移山"只是一个美丽的神话，因为即使最终实现了目的，我们又有多少时间被"挖山搬土"浪费掉呢？哪个机会又会等你"挖山搬土"呢？打破思维定势，就能从烦恼中破茧而出。

Part12

给烦恼设定一个限度

人要学会控制自己的情绪，善于摒弃消极、烦躁的情绪。人要学会自我慰藉，遇到烦网的事情，要告诉自己：没什么大不了的，一切都会过去。

▬01 给烦恼设一个期限，不要让自己无休止地烦恼下去

有一次，我见了一个朋友。这个朋友因为失恋了，心情很糟，于是几个朋友相约去她家看望并安慰。当天，一共去了 4 个人，大家商量好买了菜、酒等。在她家做完饭，大家一起用餐时，这个失恋的朋友却哭了起来。她觉得自己很不幸、很难过，没办法控制自己的情绪。本来大家做好了饭菜，准备大吃一顿，突然之间大家谁都吃不下去了。于是，大家不欢而散。第二天，大家出于关心打电话安慰她；第三天，她给大家打电话，诉说自己的苦恼；第四天，她又给大家打电话，说她越想越觉得难过，为什么这样的事会发生在自己身上……直到第二周，大家再去看她时，她还是在家里哭诉着。就这样，过了一个月、两个月、三个月……她的心情非但没有好转，反而越来越严重了。最后，大家都不敢去看她了，因为只要一去看她，她就不停地哭诉，而每次说的话都一样，不断地重复。直到后来，大家谁都不理她了。

失恋伤心烦恼是在所难免的，朋友们也能体谅她的感受，只是她忘记了要给烦恼设一个期限，不能让烦恼无休无止地折磨自己，同时也折磨他人。生活中，大家对时间的管理并不陌生，比如一项工作有它的最后完成期限，不可能让你无休止地做下去，上司交给

你工作的时候，也会告诉你，这件事最迟要什么时间完成。这就是时间的限定。一个公司如果没有时间的限定，做什么事都拖拖拉拉，用不了多长时间，它就经营不下去了。比如：公司要竞争拿到一个项目，需要写策划案，一周过去了，两周过去了，一个月过去了，策划案还没有写完，而这时很可能项目已经被别的公司抢去了。所以，在工作中，我们往往会设一下时间期限，将这些时间期限积累起来，就能看到工作的成果。然而，令人遗憾的是，人们都懂得为自己的工作设一个期限，却忘了给自己的生活也设一个期限。就拿烦恼来说吧，有一件事让你很烦恼，你可以为它烦恼一天，烦恼两天，烦恼一个星期，烦恼两个星期，但你不能无休止地烦恼下去，你的未来的生活还有很多的事要做，而不是只为某一件事而烦恼。

生活中，我们常听到人们评价某些人"拿得起，放得下"，这种人其实就有很强的自我管理能力。一件事我干就好好干，不干了那就彻底放下，不再去想，不再为此事烦恼。人的精力是有限的，在有限的时间里你干了这件事就干不了那件事。同样，你为这个烦恼，那么你势必没有精力去做其他的事，而且这些事是你本该做的。该做的事没做，却为不该烦恼的事烦恼，这是很多人感觉生活一团乱麻的一个重要原因。

人一生连一点烦恼都没有是不可能的。比如：你失掉了工作，明天将面临交不起房租和吃不上饭，你说你一点不烦恼那是不可能的，但问题的关键在于你如何面对和处理这些烦恼。你失恋了，伤心难过，别人同情你，但太阳会因为你的难过而不再升起吗？公司会因为你的难过而就此停止经营吗？不会！一切就像海明威的小说里描述的那样——"太阳照样升起"。

有时，不得不承认，烦恼的确是一个让人烦恼的词。有时候，我们的自控力没那么好，我们无法将自己从那些横竖交织的乱麻中解救出来，我们需要时间，我们需要恢复，但请一定记得，给烦恼设一个期限。在这个期限内把你的负面情绪全部发泄出来，等到这个期限一过，一定要告诉自己：今天的太阳是崭新的，一切都将是崭新的。人要学会控制自己的情绪，善于摒弃消极、烦躁的情绪。人要学会自我慰藉，遇到烦心的事情，要告诉自己"没什么大不了的，一切都会过去的"。

02 控制烦恼的程度，不要让它成为你的负担

影响我们生活的，除了烦恼的时间限度，往往还有烦恼的程度。同一件事，有人可能觉得无所谓不会放在心上，而有人却耿耿于怀，日日担心，而有的人暴跳如雷，怒发冲冠。反应之所以会如此悬殊，一方面与事情本身对人的重要性有关，另一方面与人的性格和情绪控制力有关。

我们经常会遇到这样一种人，与人争论不到两分钟，马上跳起来与对方针锋相对，仿佛自己是一挂被点燃了的鞭炮，噼里啪啦响个不停，谁都无法让他停下来。而事后，他们往往也很后悔，说自

己也不知哪来那么大的火气，就是控制不住自己的情绪。这样任其发泄，结果伤人伤己。同样，每个人烦恼的程度也不一样。有的人烦恼几天就过去了，而有的人则烦恼到茶饭不思，最后甚至病倒了。

其实，很多时候自己也明白有些事并没有我们想象的那么可怕，只是当局者迷，身为当事人，难免会有点指手不及、慌乱不堪，这时候最需要的反而是淡定。你越淡定，说明你越能控制自己，烦恼对你的影响也就越小。相反，如果你先惊慌失措了，那么烦恼对你来说可能就是天大的灾难，甚至成为影响你人生的灾难。

如何控制烦恼的程度，不让它影响我们的正常生活，这是一门学问。

第一，要客观地认识烦恼，究竟是什么事令你烦恼呢？而这件事是已经无法改变的事实，还是可以改善的事情？如果是无法改变的事实，并且已经发生，那就不要再专注于它，记住那句"不要为打翻的牛奶哭泣"，不管是什么原因，牛奶已经被打翻了，就不要再为它烦恼；如果这件事对你会造成某种影响，那么想办法将这种影响降至最低，如果降不了，那就勇敢地面对它，世界上不存在完全无法解决的事；而如果是可以有所改善的事情，那就想办法改进它，有时换个角度和心态看问题，事情就变得容易多了。

第二，要学会转移注意力。如果你将注意力全部放在烦恼上，那么无论你多么强大最终也会被烦恼打败。只有转移你的注意力，把烦恼放在黑暗的角落，它才会慢慢地从你的视线中消失。

第三，要有一颗包罗万象的心。因为一点小事烦恼实在没必要，你的心越宽广，所容纳的事物也就越多，而能让你烦恼的事情也就越少。与其让烦恼形成，然后不断地想办法去消灭它，不如从根本上控制烦恼产生的根源。

▓ 03 给烦恼降降温

你的烦恼有多少度？也许没人能回答这个问题。烦恼怎么会有温度呢？这或许是许多人感到奇怪的。的确，烦恼是有温度的。

医学专家研究发现，当一个人处于烦恼之中时，身体的体温会增高，各脏器的代谢会加快。如果人长期处于这种状态之下，久而久之脏器就会受损，免疫系统就会发生衰退，抵抗力将会下降，就很容易产生疾病。

最近小林的妈妈被查出得了癌症，全家人顿时陷入一片惊恐之中。癌症？在小林看来，这是从来没想到过的病，怎么会出现在家人的身上呢？然而所幸的是，发现得早，手术及时，小林的妈妈总算是渡过了难关。然而关于小林妈妈的病，却不得不让人深思。小林的妈妈退休以后一直在家，平时也没做什么事，生活一直很规律，只是养养花、遛遛狗，按说生活过得轻松惬意，怎么会突然得这么大的病呢？

其实得这种病也非偶然，这与长期的生活习惯及情绪有很大关系。小林的妈妈生活很有规律，身体也一直不错，但就是爱生闷气，看不惯的事情多，却又不愿说出来，总是自己闷着无法排解，久而久之心里憋着一股闷气，伤身又伤心。现代医学也已经证明，许多疾病不单是精神疾病，也包括器质性疾病，是由不良情绪引起的，比如：心脏病、高血压、胃溃疡、肿瘤等。

众所周知，情绪对疾病的产生和治疗具有不可低估的作用。人们可以举出许多实例来证明这一点，如某人退休以后心情不好，一年后患了癌症；某人脾气不好，有心脏病，要少惹他生气；某人一气之下中风了等等。然而，在现实生活中，并不是所有的人在不良情绪的影响下都会生病。这就使人们只能得出这样的结论，情绪对疾病的产生有很大的影响。但到底有多大，谁也说不清。

在日常生活中，仇恨、嫉妒、欺骗、愤怒等一系列不良情绪和行为方式，虽然已经被当今西方心理学界定义为病态人格的表现，是一种异常现象，但这并没有得到认可和重视，甚至在一段时期内，这种病态文化还被认为是正常的价值观和人生观，甚至被某些专家认为是自然现象，是人的本能。很多人都在这种生活哲学的指导下生活，虽然他们也知道这些方式是错误的。而异常的生活哲学往往成为各种疾病形成的原因。因为这种生活方式充满了不愉快，不愉快就是烦恼的表现，而医学上已经定论，经常烦恼会使人的免疫系统减弱，抵抗力下降。

其实烦恼并不像人们认为的那样简单，容易认识和觉察，其中有极其深刻的历史内含、哲学内含、伦理学内含，需要从人类历史的角度去分析，从属于人的一切科学的角度去分析，从超越现实的角度去分析，才能够找出正确的定义。

　　嫉妒、仇恨、愤怒、欺骗、敌意的性格，都是从生活中的烦恼逐步演变而来的，而后它们形成相对固定的性格取向。没有对人本质的认识，就不可能知道烦恼是从哪里来的，没有对烦恼本质的认识，我们只能知道一些表面的、可见的烦恼，不可能更深层次地了解烦恼。

　　生活中大部分人会认为自己很好，比较愉快，至少还不坏。然而这只是个体能够生存的基本条件，并不代表真的很好。个体与个体之间由于没有可资比较的尺度和标准，因此是无法比较的。同样自我感觉很好的个体，在他人看来可能存在天壤之别。而有比较才能有鉴别，一个个体无法深入到另一个个体之中，去感觉他人的感受、思维方式、幸福程度，只能通过语言交流进行比较。问题正好出在这里，语言使人类相互了解，但语言本身是无法确定的，没有比较的统一标准，就不能成为事实的根据。

3

第三部分

**把心放宽，
烦恼自然无处生根**

一位老和尚门下有两名徒弟。

一日饭后，老和尚的小徒弟洗碗时，失手打破了一只碗。大徒弟幸灾乐祸地跑到老和尚的禅房去汇报："师父，师弟刚刚打碎了一只碗。"

老和尚手捻佛珠，双眼微闭，说道："我相信你永远都不会打碎碗的！"

宽广的胸怀是一种爱，更是一种智慧。它能够化解一切愁苦烦恼，能够让别人愉悦，自己快乐。如果你的心不够宽广，那么你之所见就是狭隘的，烦恼自然会从你的内心生出；如果你的心是宽广的，那么你之所见就是豁达的，烦恼自然无处生根。

烦恼与否，皆在汝心。

Part13

人生有起有落，不必为失意烦恼

只要不放弃，就会有希望。人生总有逆境，当我们在绝望中苦苦挣扎时，只要自己再多一份顽强，再多一份忍耐，再多一份自信，就会赢得命运的转机。我们要修炼一颗强大而宽厚的心，能将成败看淡，能将得失看轻，能将一切释然。

─ 01 顺境时莫骄，得意时莫狂

美国戏剧大师阿瑟·米勒在回忆录中提起，有一次他到中国执导一部戏剧时发生的故事。

事情发生在20世纪80年代。那个时候中国的戏剧大师曹禺先生已经在海内外享有盛誉，他和阿瑟·米勒先生是很要好的朋友。得知阿瑟·米勒先生来到中国，曹禺先生便邀请他到家中小坐，顺便携几位业内好友一同品茶聊天，共进午餐。

几位好友许久未见，自然格外亲切。休息期间，大家谈论戏剧的创作，评价当今戏剧的局势和新秀等等。说到兴起，曹禺先生起身走到书房，拿出一个装帧得十分精致的小册子，大家饶有兴趣地看着曹禺，不知他要给大家看什么。只见曹禺打开册子，从里面拿出一张保存十分完好的纸，纸上写着几行字，纸的末尾落款是黄永玉。黄永玉先生是著名的画家。大家看到这封信，不禁有些好奇。

这时，曹禺先生说道："这是黄永玉先生在早些年给我写的一封信，今天和大家共同欣赏一下，也为共勉。"

接着，他神情激动地朗读起来："我不喜欢你新中国成立之后的戏，一个也不喜欢。你的心不在戏剧里，你失去了伟大的通灵宝玉，你为势位所误！命题不巩固、不缜密，演绎分析也不够透彻，过去数不尽的精妙休止符、节拍、冷热快慢的安排，那一箩一筐的隽语都消失了……"

　　这是一封言辞十分激烈的信，语言简洁，但句句声色俱厉，毫不讲情面，给一位在戏剧界有如此荣誉和地位的大戏剧家写来这样一封信，颇有些侮辱的意味。但是，令阿瑟·米勒先生不解的是，曹禺先生在朗读此信的时候，并没有生气，脸上却满是感激的神情。

　　后来，阿瑟·米勒先生在回忆录中写道："像曹先生这样声名大噪的人，在当时的戏剧界举足轻重，收到这样一封挑衅意味十足的信件，非但没有生气，反倒很感激地把它精心地裱糊起来，这是怎样的一种魄力，怎样崇高的情操呢。"

　　有人赞美，就一定会有人批评。赞美的话固然人人爱听，但是听些批评的话未必就是坏事。庸人对批评的声音深恶痛绝，智者则能够从批评声中找到自己的缺点和不足，更加充分地认识并完善自己。虽然我们不是曹禺先生，也没有获得那么大的成就，但即便像曹禺先生那般的成就，尚且谦逊为人，我们又有什么理由骄狂自大呢？

　　生活中有很多人，取得了一些小成绩就沾沾自喜，像龟兔赛跑里的兔子一样，自以为取得了多大的成就，把谁都不放在眼里。渐渐地，你会发现，人们并没有像你想象的那样"崇拜"你，而是离你越来越远。你开始烦恼，不知问题出在哪里。其实，成功是一个很缥缈的词，什么是真正的成功，谁也说不清楚。因为人生的路是不断地向前延伸的，而这种前进是没有止境的。谁能说走到哪里就算获得了最终的成功呢？

其实，与失意时不气馁比起来，得意时莫轻狂可能更难。因为失意时会有朋友在身边安慰你、鼓励你，而你得意时由于狂傲自大，会使身边的朋友远离你，这时你就像孤独无依的小舟一般，没有了援助。所以，我们要不断修炼，修炼一颗强大而宽厚的心，能将成败看淡，能将得失看轻，能将一切释然。

▬02 笑对自己说：这只是一时的失败

人生在世，要面对的事实在太多太多，生活不可能是一帆风顺的，总会遇到这样那样的问题。每个人经历无数的挫折，然后在无数次的失败中站起来，再倒下，然后再站起来，直到最后。

林肯的一生让许多人敬佩不已，他赢得了无数人的赞美。他活着的时候，属于美国，他死以后，属于千秋万代。

1832 年，23 岁的林肯失业了，他很伤心，但他知道伤心没有用，下决心要当政治家、当州议员，但糟糕的是他竟选失败了。在同一年里遭受了两次打击，这对他来说无疑是痛苦的。他又开始着手自己开办企业，可不到一年，企业又倒闭了。在以后的 17 年间，他不得不为偿还企业倒闭时所欠的债务而四处奔波，历尽磨难。后来，他再一次决定参加竞选州议员，这次他成功了。他内心出现了一丝希望，认为自己的生活有了转机。1835年，他订婚了，但离结婚还差几个月的时候，未婚妻却不幸去世。这对他精神上的打击实在太大了，他心力交瘁，数月卧床不起。1836年，他又患了神经衰弱症。1838年，他感觉身体状况好的时候，竞选州议员发言人，可他失败了。1843年，他参加竞选美国国会议员，但这次仍然没有成功。就这样一次次地尝试，一次次地失败，直到1846年，他再一次参加竞选国会议员，终于当选了。两年任期很快过去了，他决定要争取连任。他认为自己作为国会议员的表现是出色的，相信选民会继续支持自己。但结果很遗憾，他落选了。因为这次竞选他赔了一大笔钱，他申请当本州的土地官员。但州政府把他的申请退了回来，并指出："做本州的土地官员要求有卓越的才能和超常的智力，你的申请未能满足这些要求。"然而，他没有认输。1854年，他竞选参议员，失败了；两年后他竞选美国副总统提名，结果被对手击败；又过了两年，他再一次竞选参议员，还是失败了。

在林肯大半生的奋斗和进取中，有9次失败，只有3次成功，而第3次成功就是当选为美国的第16届总统。屡次的失败并没有动摇他坚定的信念，而起到了激励和鞭策的作用。

我们不禁为林肯的遭遇和他惊人的毅力而震惊，如果换作别人，可能早就放弃了。在生活中，我们总会遭遇不同的逆境，甚至会在很长的一段时间内无法摆脱那种挫败的状态。我们抗争，我们努力，但生活总是那么无奈，似乎我们的努力总是那么微不足道，那么苍白无力。但是，越是在这种时候，我们越不能放弃，因为我们无法预知，也许在下一刻，好运就会降临。

失败是一种财富，也许它会带给你一时的伤痛，但要知道没有永远的失败，这些必经的曲折只会让你更加坚强。从失败中，我们可以学到许多，可以了解自己被什么绊倒，这样在以后就会少犯或不犯相似的错误。最大的失败就是放弃，只要不放弃就还有机会。笑对失败，用积极的眼光去看待失败，以一种良好的心态去面对失败，这样才不会被吓倒。

生命的潜能是无限的，而最容易被激发出无限可能的时机，正是我们最沮丧、困顿的时候。绝望的那一刻，往往是希望的开始；危机的尽头，往往就是转机；山穷水尽的地方，往往就会柳暗花明。只要不放弃，就会有希望。人生总有逆境，当我们在绝望中苦苦挣扎时，只要自己再多一份顽强，再多一份忍耐，再多一份自信，就会赢得命运的转机。

人生就是一个"跌倒再起"的过程，失败的经验和成功的经验一样可贵。成功者懂得遭遇失败后不放弃，所以他们会把失败当作垫脚石，走出失败的阴影。当遭受某种挫折、造成某种损失后，不要轻易就放弃自己的梦想，因为一旦放弃，就永远没有翻盘的机会。只要我们吸取教训，总结经验，变被动为主动，就能最终赢得成功。

无论你在人生的哪个时刻被命运甩进黑暗，都不要悲观丧气、烦恼不堪，因为这时候你体内沉睡的潜能最容易被激发出来。黑暗笼罩你的时候，也许正是你找到那个发着微弱光芒的出口的时候。无论什么时候都应该记住：只要我们心中的希望不灭，只要不轻言放弃，我们的脚下就一定会有新的道路。成功和失败一样，都只是短暂的一刻，但如果你想远离失败，或者继续成功，那就要笑一笑，对自己说"这只是一时的失败"，然后再继续向前。

03 学会用平常之心看待人生

人生有起有落，那么如何面对这起起落落的人生呢？这或许是很多人的疑问，其实，其中也没有什么诀窍，无非是以平常之心对待平常之事而已。

"平常心"虽是简单的三个字，但在生活中要做到这三个字却不是一件容易的事。在社会快速发展的今天，人们的脚步越来越快，很多人追求快速食品、快速生活、快速阅读、快速情感等等，目的达到了便高兴，达不到便烦恼。这肯定不是平常心，平常心首先是一种心境，不仅是对待周围的环境要做到"不以物喜，不以己悲"，更要对周围的人事做到"宠辱不惊，去留无意"，这样才能让我们的生活有一份平静和谐。其次，平常心也是一种境界，慧能大师曾说"本来无一物，何处染尘埃"，他的这种超说物外、超越自我的境界正是平常心的最好解释。他们不是"看破红尘"，更不是消极遁世，相反他们所要表现的是一种积极的心态，以平常心观不平常事，则事事平常，无时不乐也无时无忧。

真正的平常心就是享受生活中的平凡和简单，只要能把心态放平稳，不要被外界的纷乱干扰，就不会因外物而烦恼。平常心所产生的力量是不可估量的。

第一，平常心可以让我们正视自己的缺点和不足，并时时进行反省。拥有平常心的人并不会掩饰自己的缺点，相反他们会把一个真实的自己展示在周围人眼前，希望周围人能给自己挑出不足和欠缺的地方。他们懂得要时时进行自我反省，才是真正对得起自己，换句话说，就是能把自己看得很清楚，并不断地进行自我审查，做到诚恳无私地了解自己。

第二，平常心可以让我们的生活充满快乐。生活不可能一帆风顺，有成功，也有失败；有开心，也有失落。如果把生活中的这些起起落落看得太重，那么生活对于我们来说永远都不会坦然，永远都没有欢笑。比如说驰骋生意场上，有时亏损，有时赚钱，甚至会遭逢逆境，这并不完全是环境的缘故，也不一定是运气的原因，仅仅是经营方法上出了问题，如果我们没有平常心去面对这种局面，相信这样的生活肯定没有阳光。

第三，拥有平常心，可以让我们正确地对待失去的东西。"不要为打翻的牛奶哭泣"，失去的终究是失去了，不管如何为它们哭泣都不会再回来了。有了平常心，我们就根本不会哭泣，因为我们知道，世界上没有什么是永恒的，无论我们有多么留恋，也不能阻止这种逝去。因此，平常心在这时候往往起到协调的作用，能让我们很快地从失去的"阴影"中走出来，去追求下一个目标。

第四，平常心可以减少烦恼。遇到不如意的事时，用平常心去观之待之，自然由之任之，不要放在心上徒增烦恼，就会明白该做什么，不该做什么，该思考什么，不该思考什么。用平常心看待人生，人生的不如意少了，烦恼也就少了。

有一个人问一个和尚说："和尚修行，还用功否？"

和尚回答说："用功。"

那个人又问道："如何用功？"

和尚回答："饥则吃饭，困则即眠。"

那人非常奇怪地说："为什么我和你一样就不算用功呢？"

和尚笑着回答："你和我们当然不一样了，你该吃饭时不好好吃饭，该睡觉时不好好睡觉，整天千种计较，万般思量，心不宁静，怎么叫作用功？如何算得修行？"

所谓平常，即是平平常常，不刻意，不做作，不矫情。用平常之心，看平常之物，处平常之事，做平常之人，大千世界，悉数平常，又何来烦恼可言？

─ 04 爱情为什么这样令人烦恼

不可否认，爱情永远是开在生命枝头最瑰丽的花朵。可令人头痛的是，爱情往往并不如爱情小说里写的那样美好，有甜蜜，也有苦涩，有时候还会令我们烦恼丛生。

小吴今年 30 岁了，家人一直为她的个人问题着急，后来经人介绍，小吴认识了张松。张松是搞建筑的，经常出差，工作也一直很忙，迟迟没有找到女朋友。相识后两人都觉得自己都老大不小了，差不多就行了，于是开始准备谈婚论嫁。可就在他们交往几个月后，问题出现了。

不知为什么，每次张松回来，两人待不到两天准要大吵一架，而引起争议的事要么是买菜，要么是家务劳动等鸡毛蒜皮的小事。有一次，两人因为一起去超市买东西而上演了一场争吵之战。小吴想为明天的午饭买点菜，她看见菠菜不错，于是想买点菠菜，做个菠菜炒鸡蛋。她刚挑了一捆菠菜放到购物车里，张松就说："你看你挑的这捆，叶子有烂的，看上去也不太新鲜了。"说着，把这捆菠菜从购物车里拿了出去，放回到菜架上，接着拿起了旁边的一捆放到购物车里。小吴不愿意了，觉得自己挑的那捆挺好的，再说又是自己做饭，难道自己还分辨不出菜的好坏吗？于是，小吴又把张松挑的那捆放了回去，把自己刚才挑的那捆拿了回来。一来一回，两人僵持了一会儿，谁也不让谁，结果不欢而散，什么也没买成，两人两手空空回了家。

还有一次，小吴做完饭热得满头大汗，吃完饭张松往沙发上一躺，抽起烟来。小吴一看就来了气，心想："我做饭这么辛苦，吃完了饭，你却一点要刷碗的意思都没有。"于是，小吴让张松去刷碗。张松看了一眼摆在桌上的碗筷，吐了一口烟说："先放着吧，等会再说！"

"什么叫等会儿再说？赶紧刷了得了，一会儿不好刷了！"

"你没看见我正抽烟吗？等会儿刷就不行？"

"我一天做饭这么辛苦，你刷一回碗就委屈你了似的！"

"谁家不做饭，你做个饭就把你委屈了？"

……

就这样，两人的生活除了争吵还是争吵。不久后，两人便分手了。后来，小吴心里也挺难过，但回想起当时天天吵架的日子，真的每天痛苦不堪，甚至有时盼着张松快点出差，这样自己在家就会过得轻松些。本来是大家看好的一对，却变成这样的结果，没有一人快乐。

这时，我们不禁要问：为什么爱情会这么令人烦恼呢？其实，产生烦恼的并不是爱情本身，而是你经营爱情的方式。

说白了，爱情是两个人的相处模式，只有这个模式达到彼此平衡、互相适应，它才能平稳地发展下去。两个人本来是完全不同的个体，各自有不同的生活习惯，要一起相处，就需要双方互相适应。在适应这个问题上，双方要体谅对方，不能坚持已见而不松口、不退让，没有谁是为了迎合谁而诞生的，因此要学会尊重别人、体谅别人。

其次，在爱情这个问题上，需要宽广的胸怀，包容对方的缺点。在爱情里，真正令两人关系稳固的，并不是两人对彼此优点的欣赏，而是对对方缺点的包容。一个人身上的优点，你能看到，你欣赏，别人同样也看到、也欣赏，那么你比别人高在何处呢？只有一个人身上的缺点，你看到，你包容，才会胜人一筹。

最后，爱情需要赞美。爱情也好，婚姻也罢，最终不能和平相处、分道扬镳的原因往往是在两人的相处中少了赞美、多了指责。

爱情是美好的，爱情之花也本应在生活中绽放它的美丽。烦恼不是来自于爱情，而是根植于自己的内心，因此，要想把握好爱情，就先要把握好自己的心。

Part14

有舍才有得，这是人生的大智慧

　　欲骑则仔细备鞍，上马则勇往直前。贪求鱼和熊掌兼得，那只能徒增烦恼。欲望如同一头桀骜不驯的猛兽，它常常会使我们在舍得之间肆意横行。只有驾驭好这头欲望的「猛兽」，把握好舍与得的机理和尺度，我们才可能叩响成功的门环。

01 喜欢的不一定非要得到

李敏和唐静是同事，一起共事有五六年了，彼此关系也不错。一天，唐静去李敏家作客，无意中在窗台上看见了一盆蟹爪兰，甚是好看，但就是好像少了些生机，有点萎靡。唐静很喜欢养花，家里养了一盆又一盆，有吊兰，有茉莉，还有红掌……唐静看到这盆蟹爪兰简直走不动路了，眼睛直直地盯着它，好像在和它说话似的。唐静终于忍不住开口了："李敏，你这盆蟹爪兰真好看，是从哪儿买的呀？"李敏一听，看出唐静十分喜欢，于是说："既然你喜欢就送给你吧！"唐静高兴得连声道谢，之后带着这盆心爱的蟹爪兰回家了。

几个月后，唐静搬家了，新居布置了一番后，便邀请李敏来新居作客。唐静的新居装修得简单温馨。普普通通的一间房子，被她这么一捯饬，还挺像那么回事。李敏在唐静宽敞明亮的新居里来回走动，嘴里不断地发出赞叹声。

唐静去泡茶，李敏就自己溜达到阳台上，眼前不禁一亮：阳台上放了大盆小盆的一堆花，个个郁郁葱葱、生机勃勃。尤其是那一盆蟹爪兰，身藏万花丛中，显得越发奇特优美。

"哎呀，真漂亮啊！"李敏不禁叹道。

唐静听到后，走了过来，笑着说："你看，你送我的这盆蟹爪兰不知开得有多旺呢！"

是啊，李敏心想，虽然当初自己也是喜欢这盆蟹爪兰才将它买了回来，但实事求是地说，自己平常马虎大意，工作稍微一忙，就把这些花儿全给忘了，甚至连浇水都想不起来，而且当初在自己家里这盆花儿也没见开得这样旺盛，这才过了几个月，竟然如此蓬勃有生机了。看来自己当初的决定是正确的。虽然自己也喜欢，但自己不会养，倒不如把它送给会养花的朋友呢，看它现在长得多漂亮啊！

送人玫瑰，手留余香。世上有很多美好的事物，但不是哪件都适合我们。把不适合我们的东西送给适合的人，让它绽放美丽，我们不但没有失去，反而可以更好地欣赏它。花是这样，其他的事也是这个道理。很多事情让更能胜任的人去做，才能收到更好的结果。可现实生活中有一些人不懂得这个道理，分明自己做不来，偏揽在自己身上，结果自己烦恼不堪，对事情也没有助益。

生活中有太多这样的例子，有一些东西或事情自己喜欢，但有时并不一定适合自己，这时就要果断放弃，把它交给更适合的人。这不仅是一种明智，更是一种大度、一种人乞的智慧。

02 放下心中的"执"

有一种鱼，长得很漂亮，银肤燕尾大眼睛，平时生活在深海中。春夏之交溯流产卵，顺着海潮漂游到浅海。渔民有一个捕捉它的方法，即用一个孔目粗疏的竹帘，下端系上铁块，放入水中，由两只小艇拖着，拦截鱼群。这种鱼的"个性"很强，不爱转弯，即使闯入渔网之中也不会停止，所以一只只"前赴后继"地陷入竹帘孔中，帘孔随之紧缩。竹帘缩得愈紧，它们愈恼怒，更加拼命地往前冲，结果都被牢牢卡死，最终被渔民捕获。

这种鱼叫马嘉鱼。当人们嘲笑马嘉鱼的"傻"时，可曾想到我们又何尝不是如此呢？很多时候，我们总喜欢给自己加负荷，不肯放下，并自诩为"执着"。我们执着于名与利，执着于一份痛苦的爱，执着于幻想的美梦，执着于空想的追求。数年光阴逝去之后，我们才枉自嗟叹人生的无为与空虚。

老徐以前是个局长，现在到了退休的年纪，可他一想到退休后无所事事，往日的风光将不再，便总也不想离开工作岗位。可这位置也不能总占着不放啊，再说单位已经找他明着暗着说过好几回了。老徐想来想去，想出一个对策：装病。于是，老徐就装起病来。无论谁来探望，他都睡在床上，不肯起来。单位的人来看他，他也躺在床上，精神迷迷糊糊，说不了几句就转身睡去，单位的人也只好告辞走人。就这样，没人来的时候，他就在家写写毛笔字、看看电视，一有人来就赶紧装病躺到床上。转眼一个月过去了，老徐在家闲了一个月。这天，老伴对他说："你老是不愿退休，我看你这在家不是过得挺好的吗？"老徐一听，再仔细一想，可不，这一个月在家多悠闲，比起当局长，虽然没有那么风光，倒也多了几分轻松。于是，老徐主动到单位办理了退休手续，回家享受起了悠闲的退休生活。

有时候，我们被自己心中的"执"捆绑，不停地追逐，不肯放松，只有放下心中的"执"，我们才能轻松前行。

■03 贪心的人永远不会得到更多

几个弟子坐在林子边听释迦牟尼讲经。一个弟子问："世尊，人生是什么？"

释迦牟尼笑了笑，说："这样吧，你们按我的要求去做一件事，等你们完成以后，就知道什么是人生了。"

"世尊，那我们应该怎样做呢？"弟子们问道。

"你们看前面有片树林，里面结满了果实。你们穿过这片树林，找到你们认为最满意的一颗果子，摘下来给我。我在林子的另一头等你们。记住，你们只能选择一次，而且只能往前走，不能回头。"

弟子们听完释迦牟尼的话，便纷纷出发了。

第一个弟子走进林子，没过多久便看见一个很大很好的果实。他刚想摘，但转念一想：这么大的一片林子，说不定前面还有更好的果实，我要是这么早就决定了，以后看见好的也不能再摘了。他继续向前走，一路上很仔细地检查每棵树，但都没有再看到比先前那颗更大更好的了。就这样，一直走到林子的另一头，他还是两手空空。

第二个弟子也走进了林子，走了没多久，他就摘了一颗果子。但是在走向林子出口的路上，他看到了无数更大更好的果子，但无奈他已经作出了选择，即使看到了，也不能再摘了。就这样，他很沮丧地走出了林子。

第三个弟子走进林子后先是观察了一会儿，看看周围的果实有多大多成熟。心里大概了解之后，在前进的路上选择了一颗他认为比之前的平均情况略好的一颗果实，然后拿着它，走到了林子的另一边。但是他的心里也还是隐隐地后悔：也许我该在早一些的时候摘那个大一点的……

释迦牟尼已经在林子尽头等着他们了。

释迦牟尼道："来，让我看看你们的成果。"

三个弟子分别叙述了自己在林子中的情况，个个一脸沮丧。

"世尊，再给我们一次机会吧，我们一定能摘到最大最好的果实。"弟子们乞求道。

这时，释迦牟尼笑道："不管你们是否拿到果实，也不管你们对自己拿到的果实是否满意，你们都不可能回头，这是一次不能重演的选择。这就是人生。"

我们经常会为自己做过或没有做某事而感到懊恼，就像故事中的弟子们一样，也梦想着能再有一次机会重新选择，但这是不可能的。人生的选择，一旦作出，便无法更改。与其事后懊恼，不如在当时选择一个适合自己的。人生，是一场无法重复的选择。

在现实生活中更是如此，比如有两个工作机会摆在你面前，你只能选择其一，你选择一个的同时也就意味着放弃另一个或者更多。从这个意义上来说，选择也就是放弃，放弃也就是选择。就是这样一对反义词，它们共同构成了人生的方向。高中毕业，有人选择了考大学，有人选择了去创业；大学毕业，有人选择了考研，有人选择了就业；找工作时，有人选择了会计，有人选择了销售，他们的选择又都不同。直到多年以后，每个人走出了一条自己的路，这就是基于他们的一步步的选择与放弃。

贪心的人永远不会得到更多。因为选择了这个就无法选择那个，贪求鱼和熊掌兼得，那只能徒增烦恼。有句话说得好：欲骑则仔细备鞍，上马则勇往直前。人生有太多选择，面对这些选择时，不妨仔细思考，然后作出选择，勇往直前。这样才不会因粗心大意而后悔，才不会因没有努力而悲伤。

─ 04 缘来缘去都是福

从前，寺里有两个僧人：师兄悟空和师弟悟了。两人每天都出去化缘。后来，悟了发现山下村民都虔心向佛，所以他每次化缘都收获颇丰。于是，他用化来的钱买了很多生活用品，然后将其储存起来，这样就不用每天都辛苦了。而悟空依旧每天去化缘。

不久以后，悟了发现自己化到的钱物越来越少，以前出去一次化来的可以用上十天半个月，现在却只能维持几天。而悟空依然每天出去化缘，总是空手而去、空手而归。悟了十分不解，于是问悟空："师兄，你今天有没有收获？"

悟空回答道："收获很多呀。"

悟了又问："那你收获了什么？"

悟空答道："收获了人们的信念。"

悟了不能理解，于是又问："师兄，我悟性不高，无法理解你的话。明天我能不能跟你一起去化缘呢？"

悟空点了点头，说："当然可以。"

第二天，两人一起去化缘。出发前，悟了又拿上他出去化缘用的布袋。

悟空说："师弟，还是放下布袋吧。"

悟了问："为什么？"

悟空回答道："你的布袋里装的是贪欲，它化不来好的缘。"

悟了又问："那我们把化来的东西放在哪里呢？"

悟空回答说："放在心里，人心宽广，没有什么是不能容纳的。"

于是，两人就上路了。一路上，他们化到了许多财物。不一会儿，悟空的袋子就装满了。两人继续向前走，收获越来越多。后来，他们在路上遇见了一个农夫，抱着一个孩子，边走边哭。悟空急忙上前询问，得知孩子身染重病，农夫无钱医治。悟空便把袋子里化来的财物全都送给了农夫。悟了不理解，眼看着刚化到的一袋财物转眼间就没了，心里十分着急。就这样，两人继续化缘，又化到许多财物，又继续把钱物送出去。到了傍晚，他们回寺时，悟空问悟了："师弟，你今天化到了什么？"

看着空空的布袋，悟了苦笑一声，说："什么也没有！"

悟空说："师弟，你只懂得缘来之福，却不明白缘去也是一种福。你看这天地间，万物之所以生得如此美丽，那是因为万物都处于循环之中。清风、流水、白天、黑夜、春夏秋冬四季，哪一样不是在循环之中呢？如果一个人只懂得缘来之福，那就只能获得短暂的欢乐。要明白缘去也是一种福，才会获得长久的快乐啊！"

悟了听完师兄的教诲，惭愧地低下了头。大多数人只渴望得到，而不愿失去。所谓得与失，其实只是外象，一旦被得失牵绊，心灵就不会轻松，也不会淡然，它会随着得与失而起伏，得时欣喜，失时失意。殊不知人生来什么也没带来，最终什么也带不去，所谓得，只是一时的，最终都将失去。

05 烦恼是因为抓得太紧

我们对金钱、名利、情感等都有某种程度的欲望。欲望是人的本性，本无所谓好坏。它既能够推动社会的进步，又会酿成许多人生悲剧。因为欲望如同一头桀骜不驯的猛兽，它常常会使我们在舍得之间肆意横行。只有驾驭好这头欲望的"猛兽"，把握好舍与得的机理和尺度，我们才可能叩响成功的门环。然而，人生中的许多烦恼往往是因为抓得太紧。

有这样一个故事，说的是一位母亲在厨房忙碌着，她四岁的儿子在外面的沙发上自顾自地玩耍。一会儿，孩子突然哭了起来，母亲闻声立刻冲了出去，她看见孩子还坐在沙发上，而他的手却插在茶几上的花樽里。这个花樽上窄下宽，所以儿子的手伸进去了，却不容易抽出来。母亲想方设法，可儿子的手还是出不来，无奈之下只能打碎了花樽。这个花樽是一件古董，价值不菲。最终，为了拔出儿子的手，母亲还是忍痛将花樽打破了。虽然十分可惜，不过儿子平平安安，母亲也就安心了。

孩子虽然没有一点皮外伤，但是母亲发现他的那只手依然紧紧握着没有伸开。会不会是抽筋了？这不禁令母亲又紧张起来。

后来母亲明白了，原来儿子的手里攥着一个一元硬币，所以他没有伸开拳头，根本不是因为抽筋。孩子的手被困在花樽的口内，原来是为了拿这一枚硬币。其实，花樽口并不算太窄，只是孩子不愿松手，所以他的手才抽不出来。

这个故事虽然发生在一个天真幼稚的小孩子身上，但其实任何人都免不了犯同样的错误。对一件事情抓得太紧，就会使我们迷失，然后日日为它烦恼、为它忧虑。

李刚最近很忧虑。因为他要面对一次升职的机会，而这个机会是他和另一位同事的。于是，李刚做了许多工作希望能得到这个机会。但他还是很担心，这件事使他失眠、睡不着，最终病倒了。同事去医院看望他，他还询问单位升职的人选。

很多人往往不明白这个道理，无论是物还是事，都只是人生的一部分，对名利、金钱抓得太紧，就会被其所累。小说《葛朗台》中的葛朗台对金钱迟迟不肯放松，临死前还因为点着的油灯而不肯闭眼。

现代生活的压力太沉重了，太需要放轻松。人生需要放得开，心中被什么所累生活就必定被什么所累，生活就难以轻松。人生需要放松，生活需要放松，对琐事松开手，你会发现，烦恼会随之消失。

Part15

随遇而安，不种烦恼之根

只有当不为外物所动，保持内心本色，才不会生出烦恼。唯有达到心中空无一物的境界，才是「悟道」。随缘不强求其实是内心的包容，能容下如意与不如意的一切。如果拥有了这样一颗能包容随缘的心，天下有什么事还能让你烦恼呢？

01 随缘不是不在乎，而是尽最大的努力

李丽今年 27 岁，在一家事业单位做办公室文员，人长得漂亮又能干，做事雷厉风行，后来有同事给李丽介绍了个男朋友孙超。说起孙超也是一表人才，是某个公司的销售经理。李丽对这个男朋友很满意，想着如果发展顺利年底就能把这事定下来。可谁知刚过了两个月，孙超却向李丽提出了分手，原因很简单——不合适。李丽一听，大吃一惊，不合适？怎么会呢？自己好歹也是个坐办公室的，要脸面有脸面，要模样有模样的，怎么会不合适呢？

刚分手的一段时间里，李丽一直认为是孙超没想清楚，没发现自己的好，相信他过段时间想通了就会回来找自己的。但后来李丽听说孙超有了新的女朋友，而他的新女友竟然是一个乡下姑娘。这回李丽彻底陷入了烦恼，自己竟然比不上一个乡下姑娘？李丽无法接受这个现实。

在接下来的一段时间里，李丽频繁地打电话给孙超，问孙超为什么宁愿选一个乡下姑娘也不选择自己？自己到底哪里比不上一个乡下姑娘？刚开始孙超还有耐心给李丽解释，说两个人之间的感情和城里姑娘还是乡下姑娘并没有关系，关键是两个人在一起的气氛和感觉。可李丽听不进去，她怎么也接受不了，也想不通。后来孙

超不再接李丽的电话了，李丽陷入了深深的痛苦之中。

李丽的烦恼就来自于强求。人们常说感情之事不可强求，强扭的瓜不甜，这个道理适用于人生的每件事。人生之事也不可强求，每一件事的发生都有其前因后果，符合其自有的规律，你若强求了，就是违反了这种内在规律，而事情不会因你违反规律而转变，你只能因求之不得而产生痛苦。

一切随缘并不是说什么事都不在乎，任由它自生自灭，而是说对于一件事，我们尽自己的最大努力，但其结果究竟如何自有它的道理。如果结果不如本意，也要接受它；如果你不接受，你就会产生烦恼。一切随缘不强求其实是内心的包容，能容下如意与不如意的一切。如果拥有了这样一颗能包容随缘的心，天下有什么事还能让你烦恼呢？

02 静下心来，一切都会清澈起来

一个夜晚，某个写字楼里的一间办公室还亮着灯，屋里坐着一个男人，他在埋头写着什么。只见他眉头深锁，表情严肃，而地上乱七八糟地扔了一地纸团，都是他只写了几个字又感到不满意扔掉的。时间一分一秒地过去，地上的纸团越来越多，他的眉头也越皱越紧。整整一夜过去了，天亮的时候，他仍坐在办公桌前埋头写着。

这个埋头工作的男子名叫关豪，最近他在为写一份调查报告而发愁。另一位同他竞争经理位置的同事的报告写得很不错，得到了领导的表扬，这使他更加紧张。他非常想把自己的报告写好，可越着急越是写不出来，于是写了一张又一张，写了整整一夜，也没有写好。

第二天下班，关豪本来打算继续在公司写报告，这时妻子打来电话，说她已在关豪的公司楼下，等关豪一起去吃晚饭。关豪想反正也写不出来，饭总还是要吃的吧，于是下楼去找妻子一起吃饭。妻子选定了一家咖啡厅，这里的环境很好，妻子和关豪享受了一顿美妙的晚餐，这使关豪想起了结婚前跟妻子谈恋爱的那段日子。多美妙的夜晚啊，关豪的心一下子静了下来。这时，他脑子里突然产生了一个想法，于是拿出纸笔，迅速地写出了苦恼已久的报告。

生活中有很多事往往就是这样，你越想完成它的时候，越集中不了精力。心里如一团乱麻，脑子里就没有了灵感，问题就无法得到解决。人在焦急的时候是无法思考的，只有静下心来，才能慢慢理出头绪来。因此，当你因生活中的琐事而焦虑不安时，一定要静下心来。当你的内心平静时，你会发现，所焦虑的事其实已迎刃而解了。

03 保持生活的本色

从前，老街上有一位老铁匠经营着一家铁匠铺。由于生意冷清，现在他以卖拴狗的链子为生。他的经营方式非常古老。人坐在门内，货物摆在门外，不吆喝、不还价，晚上也不收摊。无论什么时候从这里经过，人们都会看到他在竹椅上躺着，微闭着眼，手里拿着一个半导体，旁边有一把紫砂壶。他的生意不好也不坏，每天的收入正够他喝茶和吃饭。他老了，已不再需要多余的东西，因此他非常满足。

一天，一个古董商人从老街经过，偶然间看到老铁匠身旁的那把紫砂壶，因为那把壶古朴雅致，紫黑如墨，很有清代制壶名家戴振公的风格。于是，他走过去，顺手端起那把茶壶。壶嘴内有一记印章，果然是戴振公的。商人惊喜不已，因为戴振公在世界上有捏泥成金的美名，据说他的作品现在仅存三件：一件在美国纽约州立博物馆；一件在台湾故宫博物院；还有一件在泰国某位华侨手里，是他1995年在伦敦拍卖市场上以60万美元的拍卖价买下的。古董商端着那把壶，想以15万元的价格买下来。当他说出这个数字时，老铁匠先是一惊后又拒绝了，因为这把壶是他爷爷留下的，他们祖孙三代打铁时都喝这把壶里的水。虽没卖壶，但古董商走后的那晚，老铁匠有生以来第一次失眠了。这把壶他用了近60年，并且一直以为是把普普通通的壶，现在竟有人要以15万元的价钱买下它，他有点想不通。

过去他躺在椅子上喝水，都是闭着眼睛把壶放在小桌上，现在他总要坐起来再看一眼。这让他非常不舒服。特别让他不能容忍的是，当人们知道他有一把价值连城的茶壶后，总有登门者，有的问还有没有其他的宝贝，有的甚至开始向他借钱，更有甚者晚上也推他的门。他的生活被彻底打乱了，他不知该怎样处置这把壶。

当那位商人带着 30 万现金，第二次登门的时候，老铁匠再也坐不住了。他招来左右邻居，拿起一把锤子，当众把那把紫砂壶砸了个粉碎。现在，老铁匠还在卖拴小狗的链子，据说他活了一百多岁。

老铁匠的内心随着茶壶的升值而波动，生活中原本的宁静与安详被打破了。很显然，这突如其来的"好运"并没有给老人带来快乐，相反老人的内心却忍受着煎熬。在沉思之后，老人最终悟得了"虚空"的禅机。也是在老人举起锤头的一刹那，他找回了原本属于自己的那份安详与宁静。

只有当不为外物所动，保持内心本色，烦恼才不会生出。唯有达到心中空无一物的境界，才是"悟道"。无论做什么，如果能以空明之心为之，一切都能轻易化解。所谓的那些烦恼忧愁，也就不存在了。生活有生活的本色，人亦然，对于人来说，能本色地生活，是最幸福的事。

Part16

内心光明，烦恼就进不来

试着慢慢学会自省，不断擦拭自己的心灵，内心清明，就会有暖暖的正能量照进心房，就有淡淡的微风带走内心的烦恼，让自己拥有一个温馨、舒适、甜美、和谐的全新世界。

▬01 心净，才能烦恼净

相传有一天五祖弘忍大师召集门徒，让他们根据各自的觉悟作一首佛偈。神秀禅师就写了"身是菩提树，心如明镜台。时时勤拂拭，勿使惹尘埃"这四句。但是，这四句句句写"净"，却恰恰因执着于"净"，反倒远离了真正的"净"。而慧能禅师的"菩提本无树，明镜亦非台。本来无一物，何处惹尘埃"四句，则因为不执着于"净"反而达到了"净"的境界。

在这个典故里，神秀禅师只是个陪衬，也难免被人非议"境界不高"。但事实上，世人又有几个能够做到"身是菩提树，心如明镜台。时时勤拂拭，勿使惹尘埃"呢？

曾有人去寺庙向禅师问道。禅师问他："你因何到此？"来人回答："我是来修佛的。"禅师答道："佛没坏，不用修，先修自己。"

在这里，修自己就是"时时勤拂拭"之意，即一个人要懂得自省。要想使自己的心性澄明，关键是要看到其中的污点，并通过不断地清洗与修补，逐步与光明的境界接近；否则若我们的心中没有莲花，一片污泥，即使折拔莲花时也是心无所动。

一个自认为勤快干净的家庭主妇，每天都会清洗、晾晒家里的脏衣服、脏床单等物品。因为她希望家里的环境清爽怡人，让家人生活得舒适、幸福。

住在她家对面的太太同样也是如此，外面的晾衣绳上经常挂满每天清洗的衣物。

主妇在家透过窗户就能看到对面太太晾的衣服，然而每次看时她都会发现——对面太太洗的衣服上面有或大或小的污点，似乎总是洗不干净。此后，每当看到对面太太辛辛苦苦收拾家务时，她就觉得可笑："洗过的衣服上还有污点，收拾与不收拾又有什么区别？说不定她家的地板和家具也不够干净。真难以想象她的丈夫和孩子们怎么干干净净地出门。"

想到这里，她不禁为自己的勤劳能干感到自豪。

一天，她终于忍不住对丈夫说了她的这一发现。本以为丈夫听后一定会赞美自己，还会抚摸着她的肩膀说："我为有你这样一位能干的太太感到骄傲。"然而结果却令她十分意外，丈夫不但没有夸奖她，而且说："我每天从对面家门前经过时，都能看到对面太太洗的衣物非常干净，没有发现什么污渍。"

"这不可能，我亲眼看到她晾出来的衣服上有污点。"她打断了丈夫的话。

丈夫竟然怀疑自己，而且歪曲事实，这让她感到愤愤不平。于是，她决定第二天和丈夫一起出去看个究竟，看看对面太太晾出来的衣服上到底有没有污渍。虽然丈夫觉得没有这个必要，但是妻子一再坚持这样做，无奈之下只好答应了她的要求。

第二天上午，对面那家又挂满了晾晒的衣物。她拉着丈夫看对面太太的衣物："你看，衣服上不是有很多污渍吗？"这一次，丈夫确实看到对面衣服上有污渍，不像自己平时看到的那样干净。

这又如何解释呢？

一会儿，丈夫就明白是怎么回事了。他拉着妻子往外走，到对面太太家门前，她惊讶地看到外面晾晒的衣服上干干净净，根本就没有任何污渍。

她还没有明白是怎么回事，就被丈夫拉到自己家的窗口前，她仔细看才发现窗玻璃上满是大大小小的污点。一直以来自己看到的污渍原来竟是自己家玻璃上的，这让她羞愧不已。

通常情况下，我们总是抱怨世界是不洁净的，却不曾想到可能是因为我们的内心不洁净。试着慢慢学会自省，不断擦拭自己的心灵，内心澄澈后你才能看到一个全新的世界。

▬ 02 诚实有信，明白自己是谁

刚毕业的博士生小赵准备了三个版本的简历去参加招聘会。第一个版本的简历上写明自己是博士生，第二个版本是硕士生，第三个版本是本科生。他拿着简历在会场里兜了大半圈，挤得满头大汗，也没投出去一份。

就在小赵心灰意冷之时，他看见一个招聘台前围满了人，走近后发现是一家知名医院在招聘。招聘广告上写着几行极具诱惑力的大字："博士生，年薪十万；硕士生，年薪七万五；本科生，年薪五万。"这几行字令小赵心花怒放，终于看见一家待遇好的单位了。小赵定了定神，告诉自己，一定要应聘成功，然后挤到台前，把标明自己是博士生的简历拿出来放到桌子上。桌子后面是一个胖胖的中年人，他头也不抬，随手翻了翻简历，说："博士？"小赵用洪亮的声音说："是！""能做胃癌根治手术吗？"那个胖胖的中年人又问。小赵一下子愣住了，刚毕业的博士谁也没那个本事啊，于是不得不硬着头皮说："不能做，但我可以做胃大部分切除手术。""这样啊，留下一份简历吧，有消息我们会通知你的。"连想都不用想，小赵明白自己是被拒绝了，没戏了。

小赵又去其他的展台看了看，始终都没看见比这家待遇更好的公司。他不甘心，于是去卫生间把头发弄乱，摘下领带，脱下外套，再次回到那个医院的展位。

他挤到招聘台前，把标明自己是硕士生的简历拿出来放到桌子上。那个胖子看了两眼，说："硕士？"小赵放低嗓音说："是。""能做胃癌根治手术吗？"又是这个问题！小赵压住烦躁的情绪，说："不能做，但我能做胃大部分切除手术。""不错，可惜公司硕士都招满了，抱歉啊。"小赵恼火地挤出展台，招满了还问什么问！

小赵越想越不甘心，他再次来到卫生间，先换上一件 T 恤，再用水把头发打湿，重新整理了一个发型，最后摘掉眼镜，心想胖子肯定认不出自己了。

他第三次杀回医院的招聘台，拿出标明自己是本科生的简历，将其轻轻放在桌子上。那个胖子一边看简历,一边自言自语道:"是本科生啊。"然后问:"那你能做胃癌根治手术吗?"怎么又是这个问题?如果本科生毕业后能做胃癌根治手术那就见鬼了!小赵说:"不能,但我能做胃大部分切除手术。"胖子立刻抬起了头,上下左右仔细打量小赵,说:"能做这样的手术不简单啊,不错!请稍等片刻,一会儿咱们就签合同。"小赵长舒了一口气,心里暗自高兴!终于签下了一家单位,不枉自己辛苦一天。

就在这时,和小赵一起来找工作的朋友也过来了,喊道:"赵博……"还没等他喊完,小赵迅速捂住了他的嘴,小声说:"别叫我博士!"

在故事中,小赵完美演绎了达到目的的过程:知道"去哪里",通过确定"我是谁",最终得出"怎么去"。其中,以知道"我是谁",即自我定位,最为关键和重要。小赵定位的过程可谓一波三折,不过最终还是成功得到了心仪的职位。如果一个人知道自己的定位,那么在完成任务的过程中全世界都会为他让路;如果他不知道,那么在他前进的道路上到处都是障碍。

很多人不遗余力地搜集成功的故事,试图从中吸取成功经验,从而也使自己踏上成功之路。但这些人中有大部分人并没有成功,虽然他们很努力。他们失败的一个重要原因就是,自我定位不清晰。他们并不了解自己,所以导致对每一句话都动心,对每一个行业都向往,对每一条建议都实践。比如,他们读完某一本人物传记之后就决定做一个成功的商人;看到一段哲理后又觉得做个普通人也很快乐。

慧律法师说："真正限制自己的、埋没自己才华的，是你自己。"愚笨的人，想方设法了解别人；智慧的人，竭尽全力了解自己。

03 剪除内心的烦恼根

烦恼就像野草一样不停地疯长，如果内心的欲望不根除，烦恼还会剪了再生，时时剪也剪不干净，最终并不能解决问题。我们的心就像一个花园，如果在花园里种下了恶种，便会生出恶果子来。恶果不剪除，花园也不会清静。

吕艳本来有一个幸福的家庭，但最近的她感到处处不如意。怎么回事呢？上周从老同学家回来，就变得闷闷不乐了。原来，老同学的家里房子大，装修得又豪华，相比之下，吕艳的两室一厅，装修普普通通，这让她的心里变得不平衡。

她因此忧虑了很久，越想就越觉得不顺心。她想要大房子，换更贵的车子……她甚至幻想着有一天她也请这位老同学到自己的豪宅来参观，然后想象着对方惊诧的表情。她沉醉于这种想象之中，但一回到现实里，她又变得烦恼不已。

其实，吕艳并不是第一次陷入这种烦恼之中，上一次也是因为同事买了一个名牌手包，让她烦恼了好一阵。后来好不容易忘记了这事，这次又被同学的房子刺激，烦恼的情绪又产生了。那段时间，吕艳经常无端地发脾气，惹得许多朋友、同事都不敢理她，甚至开始远离她。她自己也意识到了这个问题，可就是控制不了，于是她陷入更深的烦恼之中。

后来，吕艳在跟一位朋友说起此事的时候，她说："我也不知道自己是怎么回事，平常好好的，就是去了那个同学家以后，这心里怎么也平静不下来！"这位朋友说："那只能说明平常你的这种心理只不过是没有表现出来罢了。"

正因为心里有这样的根，所以遇到外界的某种因素时，这种根才发了芽。心里的根不剪除，只要外界的因素成熟，它早晚还是会显现出来的。因此，若要烦恼不生，就要内心清静，不断地剪除那些烦恼之根，只有这样，生活才能清静无尘。

04 心胸宽广，才得坦荡人生

生活中我们常遇见一些小肚鸡肠的人，可能只是很小的一件事，他们却能铭记许久，每每想起来，都蹙眉烦恼。其实，生活如一盘棋，棋子很多，如果要为每一颗棋子烦恼的话，那么生活可想而知会多么疲惫。

晓玲前不久遇到一件事，给自己上了一堂课。晓玲在一个公司当经理秘书，既然是经理秘书，她自然有点狐假虎威，觉得自己也似乎高人一等。平时在公司里也挺高傲，不愿和人打招呼，也不怎么和其他同事走动。有一次，她拿着水杯去接水，刚走到饮水机旁边，突然听见办公桌上的电话响了，便立刻跑回去接电话，而水杯落在了饮水机那里。这时，同事雅琳也来接水，看见有一个空杯子却没有人，于是她随手将空杯子放到了旁边的窗台上，然后接完水走了。这天外面的风很大，恰好饮水机旁的窗户没有关，一阵风吹来，只听"咔嚓"一声，晓玲的杯子被窗子碰到地上碎了。晓玲十分生气，雅琳赶紧道歉，一场风波就这样看似平息了。摔碎了一个杯子，况且雅琳也不是故意的，大家也就没把这事放在心上，第二天就忘了。但是晓玲并没忘记，她想，虽然我的杯子不是你直接打碎的，但如果你不把它放在窗台上，风也不会把它吹下来啊，雅琳就当没发生一样，也没有赔杯子的意思，这分明是不把我当回事，我好歹也是经理秘书……于是，晓玲越想越气，越气越觉得不服气。

　　雅琳是市场部的。有一天，公司要签一个急项目，需要调动资金，而调动资金需要经理签字。偏巧这天经理没在，只有晓玲在，于是雅琳跟晓玲说需要经理签字调动资金，让晓玲等经理回来后第一时间告诉经理。雅琳走了，晓玲倒是更生气了。本来杯子的事还没过去，现在又来"命令"我，真是岂有此理。于是，晓玲决定"报复"。经理回来后，她并没有把这件事告诉经理。结果，经理没有签字，资金没有批下来，市场部的这单生意也泡汤了。事后，经理很生气，责问了晓玲，而晓玲也自知闯了祸，低着头沉默不语。

　　一件小事导致晓玲内心不平衡，而她却因此而生气烦恼，还闯了祸，多么不值得。

　　生活中有太多这样的小事。如果把精力都放在这些小事上，那么就没有精力去做其他更有意义的事。而如何将注意力从这些小事上转移出去呢？这就要改变你看待小事的态度。你越把小事看得重，你就越放不开，只有敞开胸怀，包容万象，才能真正把它看轻、看淡。

　　胸怀确实是一个很神奇的东西。世界上最宽容的是胸怀，而最狭窄的也是胸怀。胸怀宽广的人，能包容一切，好与不好，在他看来，都是生活的经历，因此他从来不会为生活中的小事而烦恼；胸怀狭窄的人，则容不下一切，甚至在他看来，生活处处不如意，因此他几乎每天都要为生活发愁烦恼。同样是一天24小时，胸怀宽广的人坦荡地度过，胸怀狭窄的人烦恼地度过。

　　从前有一个人喜欢钓鱼，天天都要去湖边钓鱼，而每一天都能收获一条鱼。这天，他钓到了一条大鱼，比以往钓的鱼要大出一倍多。这本来是件应该高兴的事，可他却愁眉苦脸，不知如何处理这条鱼。别人看见了，问他："钓上大鱼是件好事啊，你怎么还不高兴呢？"这个人回答说："可是我家里的平底锅只能放下小鱼，放不下大鱼啊！"可见，你的心有多大，你就能容下多大的鱼。

　　生活中有各种各样的鱼，如果你的胸怀只像一口小平底锅那样大，那么注定是钓不到大鱼的，即使钓到了，也会为之烦恼发愁。那么，如何才能做一个心胸宽广的人呢？

　　首先，要宽容大度。要有一种包容的胸怀，把一切都看作"没什么"。只有这样，才能在遇到挫折时不慌乱、不失措，然后泰然处之。

其次，要听取他人的忠告。所谓忠言逆耳，能听得进他人的忠告，也就是能容纳不同的意见。这对一颗有包容力的心来说是非常重要的。

第三，要不断提高自己，不要让自己从此封闭在一个狭小的空间里。所谓山外有山，人外有人，人的一生有更多的东西需要我们去学习、去理解。

Part17

在苦难中成长，造就精彩的人生

苦难面前，有的人选择战胜，有的人陷入了烦恼，有的人则被苦难征服，沦为生活的奴隶。睿智的人会利用苦难，聪明的人会避开苦难，勇敢的人则选择战胜苦难。如果你选择的是努力，你会发现，苦难中也能开出花朵来，而且会开出更明艳、动人的花。

██ 01 在挫折里栽种成功

深山的高峰上有两块石头，虽然在一起，它们却有不同的想法。

一块石头对另一块石头说："我们去经历一下路途的艰险和世事的坎坷吧，没准搏一搏就能闯出名堂来呢！"

"何苦呢？"第二块石头嗤之以鼻，"谁会放着现成的福不享，去经历那些困苦磨难呢？再说，那艰险的路途与磨难很有可能让我们粉身碎骨的！"

但第一块儿石头还是决定去经历那些苦难，因为它不想白来世间走一遭。于是它随山溪而下，历尽了风雨和大自然的磨难，但它义无反顾地奔波着。

第二块石头看到后讥笑它，自己安然地蹲在高山上享受着安逸和幸福。

许多年以后，饱经风霜、历尽千锤百炼的第一块石头已经成了世间的珍品、石艺的奇葩，享尽了众人的赞扬。第二块石头知道后有些后悔当初，虽然现在它也想投入世间风尘的洗礼中，获得第一块石头那样的成功和高贵，可是一想到要经历那么多的坎坷和磨难，甚至粉身碎骨的危险，它又一次退缩了。

多年后的一天，人们为了更好地珍藏第一块石头，准备为它修建一座气势雄伟的博物馆，建造材料全部用石头。于是，人们来到高山上，把第二块石头切割了，给第一块石头盖了房子。

我们熟悉的那句歌词："不经历风雨，怎么见彩虹，没有人能随随便便成功。"唱出了人生的真谛。小王大学毕业以后决定考研，可他考了几次都没有考上。他感觉糟糕透了。自己也不是不用功，可怎么就考不上呢？曾经一段时间，他气馁了，开始自暴自弃，天天在家打游戏。妈妈看出了他的心事，于是给他讲了卓别林的故事。世界著名的喜剧大师卓别林在孤儿院长大，小时候尝尽穷困的滋味，甚至天天在路边的垃圾桶里寻找食物充饥。童年时艰难悲惨的生活经历成为卓别林塑造人物的源泉。在历尽艰辛的过程中，卓别林的表演潜质也逐渐呈现。在银幕上那个让我们含着泪微笑的流浪汉身上，我们处处可以看到卓别林的影子。"我没有特别的天赋，我只是尽力去表达我自己。"他常这样说。同样，童年时艰难悲惨的生活经历也成为卓别林体验情感的现实源泉。"卓别林式幽默"摒弃虚伪与轻浮，给人真实凝重之感，而这样真实、深沉的情感又怎能不打动人呢？终于，卓别林取得了巨大的成功，成为举世公认的喜剧大师。

小王明白了妈妈的苦心。世间的事并不是一帆风顺的，有时受一点挫折未必是坏事，而恰恰是这些挫折促进了我们的成长，让我们懂得了许多原先不懂的道理，也让我们的人生更有意义。

面对挫折，有的人选择战胜挫折，有的人选择放弃努力，有的人则被挫折打倒甚至颓废。睿智的人会利用挫折，聪明的人会绕过挫折，勇敢的人则选择战胜挫折。面对挫折，如果你选择的是烦恼，那么就是烦恼；如果你选择的是努力，那么不久的将来你就会发现，从挫折里会开出花来，也只有从挫折里开出的花才会更加明艳动人。

02 把坏事变成好事

从前，有两个兄弟，一起在海边长大。因家境贫寒，都没上过学，父母去世后，就一起做起了小买卖——贩卖商品给渔民，但生意一直不好，只是刚刚可以维持生计。

一年夏天，哥哥找弟弟商量："父亲在世的时候，对我说起他一次出海时，发现了海中的一个岛，那里与世隔绝。我还依稀记得航行的路线，我们不如去那里寻找市场，一定可以将买卖做大。"

弟弟听了很感兴趣，于是两人准备了船只和干粮，带着沉重的商品起航了。

哥哥掌舵，弟弟照看货物。两人在海上航行了一个星期。弟弟有些受不了艰苦，说："这太辛苦了，以后再也不要在海上跋涉做生意了。"

哥哥笑着回答："我的想法跟你不一样，我想如果海上航行再辛苦一些，就更好了。"

弟弟惊讶地说："你怎么糊涂了，航行越辛苦对咱们越不好啊。"

哥哥说："航行艰苦些，其他商人就会知难而退，海岛上的商品就会更匮乏，而我们就可以做更多的生意，赚更多的钱了。"

弟弟听后，觉得哥哥说得有道理，再也不抱怨了，一起和哥哥努力。两人又航行了三天，终于到达了那个小岛，顺利做起了生意。几年后，他们就赚了一大笔钱。

人生中有许多事看似并不太如意，但也许就在这不如意的背后，恰恰藏着大如意。喜欢探险的人都知道，越是危险的旅途，风景越是壮观。人生也同样如此。有时候，我们觉得困难太大，坚持不下去，就选择了放弃；而另一些人则换个角度来看，便看出了希望，于是坚持了下去，最后获得了成功。这样的例子在生活中并不少见。

小毛最近升职了，这本来是件高兴的事，可小毛一点儿也不高兴，为什么呢？因为职位升迁了，但工资没涨。工作任务比以前繁重了，一分钱也没多拿。小毛心里不平衡了。人家都是拿一分钱干一分事，可我呢？拿一分钱干的却是一百块钱的事，实在太不公平了。于是，小毛产生了抵触情绪。接下来的几天，小毛要么迟到，要么早退，要么就是懒懒散散，或者干脆躲到楼道里去抽烟。一个月后，小毛和另一同事小徐被人事叫到办公室，人事宣布小徐被提升为经理，而小毛则退回原职。这下小毛可傻了眼。原来，当时公司需要提拔一名经理，小徐和小毛到底选谁公司决定不下，于是决定先让他俩试一试，看看谁更出色就提拔谁。结果，小徐因为认真努力而获得了这个提升的机会，而小毛则为抵触情绪付出了代价。

当一件事发生的时候，究竟是好事还是坏事，有时候并不能以事情的本身来衡量。如果你因表象而烦恼，那么恐怕最后它真的会让你烦恼不已了。

─ 03 不合适的种子，只会生出烦恼的芽

一个女孩高中毕业没考上大学，后经人介绍到当地的一所初中任教。可是，没到一周的时间，她就被学生轰下了讲台，狼狈不堪地回了家，原因是她解不出一道数学题。母亲听完她的哭诉后，轻声道："教书这件事，有人做得来，有人做不来，用不着这样伤心。也许有更合适你的事情做，再找找吧。"

后来，女孩与本村同乡去城里打工，结果同样糟糕。进厂没几天老板就把她轰了出来，原因是她的手脚太慢，一天只做得出两件衣服，还不及别人的一半，质量也过不了关。母亲再次安慰女儿说："裁衣这事，有人做得好，有人做不好。而且别人干了那么多年，你刚开始干，怎么能比得了？"说着，又为女儿收拾行李，准备送她去其他地方试试。

之后的几年女孩漂泊于几个城市，做过打字员，当过文秘，干过促销员。和之前的遭遇相同，没做多长时间就被轰走了。唯一不变的是家中母亲慈祥的面容和贴心的安慰。直到有一天，女孩当上了一所聋哑学校的辅导员。这一次，她终于找到了如鱼得水的感觉，

受到学生们的爱戴。她能与学生很好地交流，凭借自己诚挚的爱心以及对哑语特殊的天赋，几年后她开办了自己的残疾人学校；又过了几年，她的残疾人用品连锁店开遍了全国各大城市。现在的她已经成了一位女老板———一位同时拥有财富与爱心的女老板。

不过，有一个问题女孩始终不明白：在自己连连受挫完全失去自信时，母亲为什么对自己还抱那么大的希望？年迈的母亲回答得很简单："每一块地总有适合它的种子———不要埋怨地里长不出果实，要去寻找适合它的种子。"

每个人都有自己的优点，同样也有缺点。如果以自己的短处去比别人的长处，那么输的肯定是自己，烦恼的肯定也是自己。

小雪和小林是好朋友。小林找了一份工作，在一家公司做销售员。小林性格外向，见人就笑，生来就有点儿自来熟，做起销售这份工作可谓是如鱼得水，因此业绩也十分出色。小雪是小林的好朋友，于是小林也把她介绍到公司做销售。但小雪的性格和小林不同，小雪性格比较内向，不太爱与人沟通，于是小雪的工作业绩一直平平。过了一年，小林就以出色的销售成绩成了销售主管，而小雪仍是一名业绩平平的销售员。小雪很苦恼，自己和小林是好朋友，又是差不多一起进的公司，现在小林工作出色，升为主管，而自己还是一名普通的销售员，而且也没有任何升职的希望。小林看出了小雪的烦恼。一天，她找到小雪，建议小雪换一份工作。刚开始小雪非常生气，觉得小林太过分了，让自己换一份工作，这是什么意思？这不就是变相地说自己业绩太差，要开除自己吗？可小林下面的话却让小雪感动了，小林说："小雪，我觉得你的性格并不适合做这份工作。你性格比较内向，偏重于思考和研究，我觉得你的才华不在这里，你应该从事一些案头工作，我觉得那才是发挥你特长的地方。"小雪听了小林的话，觉得有道理，自己困惑的也正是这样，于是小雪辞职了。后来，小雪找到了一份编辑的工作，果然如小林所说，小雪把这份工作做得很出色，不到一年就升职了。

有时候，我们的烦恼来自于一种不适应，这时就要分析这种不适应究竟是什么？是我们自己的心理在作祟，还是确实与自己的性格等不适应。每个人都有不同的优点，如果把你的优势用在适合的地方，那么它就能发挥很大的作用；相反，如果用在不适合的地方，那么不仅得不到好的结果，也令自己痛苦万分。每当这时，不要气馁，想想自己究竟有哪些优点和缺点，适合什么样的工作，然后再作出选择。

本来适宜在南方生长的植物，如果非要种到北方，那么不管它移来时多么挺拔，最后终将枯死。那么，你究竟是哪种植物，适合生长在哪里呢？

Part18

生死轮回是人生的自然进程

「生如夏花之绚烂，死如秋叶之静美」，这是生的境界，也是死的境界。我们是心存希冀，痛苦地生存，还是快乐地死亡，让尊严归于尘土？只有真正尊重生命，懂得、参透生命的人，才能正确地把握。

01 生死有命，不必为生死忧虑

阿强是陈婆唯一的儿子，陈婆生下阿强没多久，她的丈夫就去世了。多年来，陈婆和阿强相依为命。陈婆没有再嫁，在她的心里，能和阿强一起这样生活下去，就已经很知足了。

但是，阿强自幼体弱多病，到了二十几岁，还是娇弱得跟小姑娘似的。陈婆自己省吃俭用给他补充营养，但他还是一天比一天虚弱。后来，阿强的病越发严重了，不久就离开了人世。

陈婆感觉整个天都塌下来了。中年丧夫、晚年丧子的悲痛彻底打垮了这位坚强的老太太。她终日以泪洗面。在乡亲们的帮助下，陈婆安葬了儿子，然后便跌坐在坟前，不吃不喝，一心只想早日结束生命，与儿子一起离开人间。不管乡亲们怎样劝说，陈婆都置之不理。

恰巧这天有一位云游的和尚来到此地，看见一位老太太目光呆滞地坐在坟前，便上前问道："请问老夫人，为何一个人在坟前苦坐啊？"

陈婆呆呆地看了和尚一眼，有气无力地说道："我的儿子死了，我不想一个人苟活。"

和尚说："这个不难，我能令你的儿子死而复生，但是首先您得帮我从一户没有死过人的人家借一炷香。"

　　陈婆听完两眼放光，马上像换了个人似的，抬腿就去找人借香了。

　　她来到第一户人家，说自己想借一炷香。那人笑着去拿香的时候，陈婆问了一句："您家以前死过人吗？"

　　那人惊讶地说："当然了，我家的太爷爷前两年过世了。"

　　陈婆马上说："哦，那不行。"说完就去了下一家。

　　她走访了很多乡邻，没有一家是没有死过人的，每个人家都曾有亲人去世。

　　于是陈婆很沮丧地回去找那位和尚，把事情的经过讲了一遍。和尚笑着说："既然谁家都曾失去过亲人，而且大家都一样快乐地生活，您为什么就想不开呢？"

　　和尚的一席话点醒了沉浸在悲痛中的陈婆。陈婆抹抹眼泪说："大师的话我懂了。"

　　人有生老病死，这是在所难免的。我们都会经历年轻、衰老、病痛、死亡，也曾经历亲近的人离我们而去。但是逝者已去，在默默地哀悼他们的同时，活在人间的我们还是要面对生活，好好地把自己的日子过下去。

　　虽然人生有许多不确定的事，但有一件事是完全确定的，那就是我们每一个人到最后终究免不了一死。把时间拉长，生死、死生是无尽的轮回。如同昨天、今天、明天的无尽延续，前世、今生、来世也是无始无终的联结，而贯穿无尽时间的是当下。这一刻是生，但对下一刻的生而言，前一刻的生已然是死。

前世已逝，未来未到，这都不是我们可以掌握的；唯有每一个现在是我们可以把握得住的。因此，我们不必因为终将死亡而变得消极虚无，也不必因为今生的不美满而寄望来世。把握"当下"的生活态度，其实就已决定我们的幸福与悲哀了。

从现在的每一刻，努力学习，并在每一刻的当下练习"为而不有"，那么每一刻都将是圆满的结束，也就是崭新的开始。

孔子的学生问孔子："敢问死？"

子曰："未知生，焉知死。"

也许，在了解死亡的意义之前，要先知道该怎样去活。

现实的世界里，不必以生死命题来钻牛角尖，也无须在虚幻中迷失自己，因为人生是永远的舍弃和永远的追求。我们无法预知死亡，唯一能做的就是——活在当下。

当下，就是生命最好的礼物。

"生如夏花之绚烂，死如秋叶之静美"，这是生的境界，也是死的境界。我们是心存希冀，痛苦地生存，还是快乐地死亡，让尊严归于尘土？只有真正尊重生命，懂得、参透生命的人，才能正确地把握。

02 活着本身就是一种幸福

一位哲学家不小心掉进了水里，被救上岸后，他说出的第一句话是："呼吸空气是一件多么幸福的事情"。空气，我们看不到，日常生活中也很少意识到，但当失去时才发现它对我们是多么重要。这位哲学家据说活了整整 100 岁，临终前他微笑着、平静地重复着："呼吸是一件幸福的事"。是啊，活着是一件幸福的事。

生活中的快乐无处不在，倘若用心体会便不难感受。生活的幸福是对生命的热情，为自己的快乐而存在，在那些看似无法逾越的苦难面前，依然能够仰望苍穹，快乐便会永远伴随左右。

周凯是个追逐名利的年轻人，他从小家里穷，父母供他念书很辛苦，他在学校时也经常被人歧视。毕业后，他心里一直憋着一口气，心想一定要混出个样儿来给他们看看！于是，他很快融入了这个社会，深谙阿谀奉承、尔虞我诈之道。每次同学聚会，他都会把自己装扮得与众不同，令同学们刮目相看，这也使周凯心里非常高兴，觉得自己终于可以扬眉吐气了。

然而，一场意外改变了周凯的看法。这天，周凯像往常一样开车下班回家，当时路上的车很多，天又下起了雨，车速并不快。他正缓慢向前开着，突然在他右前方行驶的一辆大货车不知怎么车轮一滑，车身向左侧一倾，眼看就要翻车了。周凯赶紧踩刹车向左打方向盘，就在一刹那间只听"砰"的一声，周凯只感觉自己震了几震，然后就昏过去了。

周凯醒来的时候已经躺在了医院里。原来，当时大货车翻了，压上了旁边的两辆小轿车，然后冲击力又撞到了周凯的车，在剧烈的震动下，周凯的头撞到了方向盘上，晕了过去，所幸并没有发生大的伤害。而被压的两辆小轿车可就没那么幸运了，车里的六个人三死三伤，有一人失去了双腿，还有两人至今也未苏醒过来。

面对这场亲身经历的灾祸，周凯回想起来真是后怕，如果自己当时再开快一点，很可能压在下面的就是自己。他突然意识到生命原来是这样脆弱。突然，他觉得那些所谓的名利、金钱，与生命比起来真是太渺小了，没什么比活着更令人快乐幸福的。人生短暂，生命就像夜空中的一颗流星，刹那间释放了自己的光亮，之后便消逝得无影无踪。谁会关心"流星"有多少财产，人们只知道流星滑过的一刹那，才是它最美的幸福。

究竟什么才是幸福，人们几乎无从回答。人们总渴望着成为豪气干云的英雄，或是顶天立地的伟人，被人们追捧、颂赞，可是那豪气干云的时代已经过去，科技的进步、物质的丰富、欲望的膨胀完全扭曲了人类的本性，所有的人都在平庸地活着、疲惫地活着。于是，在这种重压下幸福被扭曲为金钱、地位、利益，而人们在追逐这些的过程中，恰恰与幸福南辕北辙了。

其实幸福不必远寻，生命本身就是一种幸福，珍惜生命和生命的拥有，就是幸福的真谛。

03 把每一天都当作生命中的最后一天

曾经读过一句话："如果把每一天都当作生命中最后一天去生活的话，那么我们的生命将会多么精彩。"

虽然没人能做到这一点，但不可否认，这句话还是对我们产生了深刻的影响。没有人愿意死，即使人们想上天堂，也不会为了去那里而结束生命。但是死亡是我们相同的终点，没有谁能够逃脱。即便死亡会使你脱离人生的舞台，然后将你带上一条新的路途，但没有人渴望如此。

试想，如果你得知自己的生命只剩下三天的话，那么你将会如何度过？我相信每个人都有不同的答案，我也更相信每个人的答案都是那么精彩。因为我们有太多太多的事要做，而时间却是那么那么地短。如果我们把每一天都当作生命中的最后一天，那么今天我们所得到的不仅仅是这么多。

很多时候，我们厌倦、疲惫、懒惰，是因为我们觉得拥有很多明天，我们还有很多的明天去解决问题。也正是这样的想法，让我们日复一日、年复一年地拖延着时间，直到死亡终于来临时，我们才发现有很多很多的事仍未去做。

医院里一位临终的老人，说了他这一生中的最后一句话："如果我还有时间，我将会……"

世上的事总是经不起"如果"二字，如果、如果，太多的如果需要去想象，再多的如果也不会变成现实。人生就是在这种如果中不断地失落、遗憾。有一首歌是这样唱的："我想去桂林呀，我想去桂林，可是有时间的时候我却没有钱；我想去桂林呀，我想去桂林，可是有了钱的时候我却没时间。"

人们把太多的精力放在了追逐名利上，觉得等有了名利以后，再去享受生命、再去体会生活，可往往这时已经太晚。多少富翁在拥有了许多金钱后却撒手人寰，甚至来不及留下一句话。人们为财烦恼，为名烦恼，为生活中的各种事情不停地烦恼。终于有一天，当人们要为生命烦恼时，却没了力气，因为太多的烦恼已使他们的生命沉重不堪，于是生命提早地结束了它的旅程。我们的烦恼换来了什么？什么也没有得到。

生命本是轻松的，我们呱呱落地，什么也不曾带来；我们悄然离去，什么也不带走。一切都是造物主的杰作，自然万物在它的逻辑里不断轮回，而我们早晚有一天脱离这种轨道，什么都不会改变。

在浩瀚的宇宙里，生命是如此短暂，短暂得甚至使人来不及一顾。因此，在这短暂有限的生命里，停止你的烦恼和忧愁吧，好好享受生命的本身，这才是生命的全部意义。

4

第四部分
不烦恼，
才能拥有幸福的人生

世界上，有嘴含金匙出生的幸运儿，也有不辨苦乐的白痴，他们可能没有烦恼；而对大多数人而言，一生难免烦恼多多。烦恼越多，也就离幸福的人生越远。

　　幸福是人生的诱饵，烦恼是人生的宿命。人们都在追求人生的幸福，而幸福只是一个结果，更多的时间人都活在追求中。然而，人们在追求的过程中，却产生了一个又一个烦恼，从有形到无形，从精神到物质。这些烦恼几乎使人窒息，使追逐的脚步越来越慢，最终人们停下了脚步，倒在了追求幸福的路上。

　　一个年迈的富翁在沙滩上享受着阳光的温暖，一个渔夫也躺在沙滩上享受着阳光。富翁说："我费劲了一生的力气，才能在这悠闲地享受阳光，这是一件多么美妙的事啊！"渔夫看了一眼富翁，淡淡地说："我一直就在这悠闲地享受阳光，又何必费尽一生的力气？"

　　富翁与渔夫，究竟谁更懂得幸福的真谛呢？

Part19

积极的心态，是快乐生活的根本

让自己的心充满阳光，生活就会阳光灿烂；如果我们的心长满杂草，生活也就像一片荒原。生活还是生活本身，并没有改变什么，唯一不同的是我们面对事物的心态。用积极阳光的心态去面对生活，就算有再大的困难，也能迎刃而解。

01 拥有乐观心态，让生活充满希望

乐观也许并不能使事事通达，但悲观却能使人陷入烦恼的深渊。

烦恼的人往往看到的都是事物消极的一面，而忽视了积极的一面。生活中那些常常被烦恼包围的人，眼里充斥的都是令自己烦恼的事。而那些常常被快乐包围的人，毫无疑问，他们的眼里充满的都是令自己快乐的事。

有些人，他们的眼里看到的全是消极的东西。上了一天班回家还要自己做饭，于是他觉得生活里全是劳苦；工作上出了错，被领导批评，于是觉得自己一事无成；参加同学聚会，看到同学们都事业有成，于是更觉得自己没用……不管遇到什么问题，他的第一反应是没法处理，因为不具备这样那样的条件，而这样那样的条件是某某专业人士才拥有的。于是，他的生活便是由"不可能"、"没办法"构成的。

毫无疑问，这样的人永远生活在悲观的影子里，永远不会长大。悲观像一个魔咒，紧紧套住了相信它的每一个人。同样是一千米长跑，跑到一半的时候，乐观的人会说："太好了，还有一半就跑完了！"而悲观的人则会说："我的天，还有一半要跑呢！"结果，乐观的人越跑越有劲儿，而悲观的人越跑越累。

乐观和悲观并不是天生的。乐观的人不是没有烦恼，而是他们能以乐观的心态来面对烦恼；悲观的人也不总是烦恼多多，而是他们把好多并不是烦恼的事变成了烦恼。乐观是一种心态，也是一种生活方式，拥有这种心态，你会发现生活里处处充满生机，生活也因此变得越来越好。那么，如何培养乐观的心态呢？

第一，凡事要看到好的一面。事物都有两面性，有好就有坏，有坏就有好，乐观的心态并不是说只注重事物好的一面，而看不到事物没有不好的一面，那是自欺欺人。乐观的人在看到事物不好的一面时，也能看到事物好的一面，并把好的一面当作动力，去努力改善不好的一面。如果一个人只看到不好的一面，一味地沉浸在痛苦里，便会失去改变劣势的动力。

第二，要对生活充满希望。在工作、生活中追求成功是很自然的愿望，在这个过程中遭遇失败也是常见的事，但即使失败也要对生活充满希望。人们常说，失败是成功之母。在问题与教训中发现机遇，发掘隐藏其中的有利因素，就能化不利为有利。

第三，树立积极向上的信念。信念来源于我们的生活经验，无论何时何地，一旦你确立了信念，就将其进一步强化与巩固。树立积极的信念，你将从中受益匪浅。

02 用一颗纯真的心，去看待世间万事万物

同样的际遇、同样的环境，人们的看法却大不相同。有些人高兴地歌唱，有些人则终日垂头丧气。不是这个世界不美好，而是缺少平和欣赏的目光。

李琪结婚后，因为生活压力大，于是加入了职业女性的行列。每天忙碌的工作使她疲惫不堪，下了班还要接孩子、买菜、做饭，每天吃完饭就九点多了，又要忙着给孩子洗脸洗脚，安顿孩子睡觉。等孩子睡着了，十点多了，自己也该洗漱睡了。这样的生活持续了三四年。有一次照镜子时，李琪觉得自己明显老了，也再没有心思和精力做其他的事，甚至连以前每天晚上最爱看的电视也顾不上了。一次同学聚会，李琪特意穿上最漂亮的衣服赴会。当见到同学们的那一瞬间，她不得不承认自己确实沧老了许多，在她的脸上看不到同学脸上的那种悠然自得。同学们谈论的话题她也接不上话，整个聚会中她一直默默地坐着。聚会结束后，她回到家，看着镜子中的自己，真的感觉很陌生。

究竟是什么将李琪的生活变成了这样呢？岁月磨蚀了她的心，她再也没有力气去感受周围的美好。她回顾自己这几年的生活，的确赚了不少钱，衣食无忧了，可失去的是什么呢？她与时代脱了节，

不会用微信，没开过微博，也不知道现在人们最关注的是哪些事，今天有什么新闻，又有什么话题……她全都不知道。她像是生活在一个不属于地球的地方。于是，她开始烦恼。

她的确太累了，她忘记了休息，尤其是让她那颗疲惫的心得到休息。忙碌的生活不断地磨蚀着人的心，很多人都会感到，自己的那种充满激情、敢想敢为的精神头不知从什么时候消失了，而且再难复得。这时，许多人会说："我老了，再乜没那心气儿了！"其实，不是你老了，而是你的心老了。一颗衰老的心，再也没有去发现美好生活的能力，再也没有去热爱生活的力量。

在追逐的路上，别忘了停下来让心灵休息一下，心灵的眼睛疲惫了，便很难发现生活中的美好。幸福的生活不仅需要健康的身体和心态，更需要一颗能发现美、享受幸福的心灵。

03 学会控制自己的情绪，让心态成为生活的主人

每天面对不同的事，人难免会产生不同的情绪。有的人能把情绪控制好，成为情绪的主人，生活得快乐幸福；有的人无法控制情绪，成了情绪的奴隶，结果烦恼不堪。

情绪是什么？其实，说白了，情绪就是一个人对事情的容忍度，容忍度越高，情绪越容易被控制；相反，容忍度越低，那么情绪失控的概率会增高。如果某一天，一个人发脾气了，这对他的整个生

活并不会造成什么影响；但如果这个人每天都发一次脾气，那么他的生活的糟糕程度可想而知。他根本没有任何快乐可言，生活除了烦恼恐怕还是烦恼。

情绪是人面对外界事物的自然反应，能合理控制情绪的人被认为是情商高的表现，一件事成与不成，起决定作用的往往不是人的智商，而是情商。人只有在感到愉快的环境下才能增进友谊，谈成生意，做成业务。相反，如果在情绪紧张，甚至剑拔弩张的情况下，谁也不会想进一步能有什么发展，多半早就逃之夭夭了。

首先，当你想发火时，不如采用心理换位的方法来思考一下。站在对方的角度来想问题，与他人互换角色。俗话说："将心比心。"通过站在对方的角度来体验和理解他人的思想和情绪，这样不良的情绪就会减弱。

其次，可以用其他办法来转化情绪。比如：转移话题或干脆离开现场，去做些别的事，分散一下注意力。稍后你就会发现，情绪就没那么激动了。

最后，要让自己成为情绪的主人。情绪低落时学会调动积极的情绪；怒气爆发时要学会降温。只有控制好自己的情绪，调整自己的心态，才能远离烦恼的困扰，从而获得幸福快乐的人生。

▬ 04 应对生活的变化，让自己面向阳光

假如你在一个单位兢兢业业地干了好多年，突然上司的一道命令，让你下个星期不用来上班了，你会怎么办？

可能很多人遇到这样的事都会立刻崩溃。突如其来的失业，对朝不保夕的上班族来说确实是噩耗。陈萍就遇到了这样的事。

我该怎么办？下个月就要交房租，自己却失业了，看着兜里仅剩的三百块钱，她发愁又发愁、烦恼又烦恼。她投了简历，去了好几家公司应聘，可都因为学历不高、工作经验又少而没有被录用。陈萍失望极了。四五天过去了，眼看着三百块钱就要花光了，而且又要交房租。陈萍真是烦恼极了。第二天，陈萍依旧出去找工作。由于已经好几个晚上没睡好了，陈萍的脸色非常难看。邻居王大妈看见陈萍的一副憔悴模样，问她发生了什么事，陈萍把自己的境况告诉了王大妈。王大妈劝慰道："你这么年轻，机会那么多，有什么可愁的？今天找不着明天接着找，总会找到的。只是你这样没精打采的，哪个公司肯要你？"这一番话说得陈萍备感惭愧，她看看镜子中的自己，确实憔悴了许多，这种精神面貌的员工，哪个老板肯用呢？于是，她洗了把脸，换了件新衣服，恢复了乐观和自信，然后出门找工作去了。结果，她很快就找到了一份新的工作。她顿时觉

得无比轻松，房租不用愁了，烦恼也没有了，生活又变得美好幸福了。

无论谁总会遇到突如其来的变故。当变故发生时，我们有时无法改变，但我们可以改变自己的心态，把心态调整好，然后去面对它、克服它，最终战胜它。很多烦恼不是来自困难本身，而是来自我们对困难的畏惧与胆怯，如果我们做好充分的准备应对这些困难，那么困难对我们来说就算不上什么。

让自己的心充满阳光，生活就会阳光灿烂；如果我们的心长满杂草，那么生活会像一片荒原。生活还是生活本身，并没有任何改变，唯一不同的是我们面对事物的心情。用积极阳光的心态去面对生活，就算有再大的困难，也能迎刃而解。

Part20

放松心情，让自己永远年轻

　　生活本是轻松的，只是我们背负了太多的东西，于是生活变得越来越沉重。生活像一场徒步旅行，你拿的行李季越少，走起路来就会越轻松，也会走得越远。如果一出门你就带着一个大皮箱，那么你是注定不能走远的。

─ 01 烦恼只是你内心投射出来的影子

　　我们经常会不知不觉地陷入烦恼中，甚至有时我们自己都不清楚这烦恼的由来。大多数时候，这种烦恼并不是真实存在的，而是由我们的内心投射出来的。

　　甘苹最近担心得要命，原因是她的女儿开始独自去上学了。之前女儿小，都是由家人接送上下学，当时家里人多，也有空余的时间，但现在家里只剩下甘苹和丈夫两个人，丈夫工作很忙，平时总跑外地，一个月在家待不了几天，而甘苹为了生计也不能辞掉工作。何况现在女儿已渐渐长大了，可以自己上学了。但甘苹作为母亲，仍是担心得不得了，她担心女儿自己上学会不会迷路，万一遇到坏人怎么办，万一过马路被车撞了怎么办，万一……千百个万一都被甘苹设想出来，于是她寝食难安。不行，她心想，一定得在后面跟着女儿才行。于是第二天，甘苹请了一天假，决定偷偷跟着女儿去上学。女儿出门后，来到公交车站等车，甘苹开始担心女儿能不能坐对车。不一会儿，车来了，女儿顺利地上了车，甘苹随即跟着上了车。上了车的甘苹又开始担心，女儿会不会坐过站。车开了五六站地，女儿下车了，甘苹也下车了。女儿顺利地从十字路口的人行道上通过了马路，甘苹站在马路对面，看着女儿平安地走进了校门。

这时，甘苹的心终于放下来了。甘苹所有的担心都是多余的，女儿已经长大了。

有时候，我们只是因为一件事而在脑海中不断地幻想演变，于是生出了许多烦恼。比如，担心外出的家人会不会出事，公司领导担心员工是不是准备跳槽，甚至你给某人发了短信对方没有回，就猜测对方为什么不回，是没有收到还是故意不回……太多的事都能令人烦恼不堪，可这些事往往是因为我们的疑心病，都是从我们心里投射出来的影子。

有一个公司的老板总是疑心员工会盗取公司的机密，或偷公司的用品，或者是怀疑他们不安心本职工作，而在外面另有一份工作，还可能随时打算跳槽。于是，老板总是小心翼翼防备着员工。有一次，他晚上十一点多给一个员工发短信，员工当时已经睡了，没有看到，结果早上起来一看，竟收到十几条短信，都是在问重复的问题：你收到短信了吗？请回复！结果，第二天，这位员工就像老板担心的那样——辞职了。这时，这位老板更加确信自己的怀疑是有道理的，因为这名员工果然是不安心工作跳槽了。当然，最终的结果不用说，这个公司的员工都纷纷辞职另谋高就了。但这位老板不认为是自己的原因，而是更加确信自己的怀疑是十分有道理的。

这就是烦恼投射出来的惊人的力量。它真的能使你的行为举止在无形中发生改变，从而影响你周围的人和事，然后驱动着事情向着你以为的糟糕状态发展。而你所不知道的是，造成这一结果的最终力量不是别人，而是你自己。

当你的心里堆满了这些烦恼和疑虑时，你的心是无法轻松的，你每天都在担心会不会发生这样那样的事，而这样的生活也绝对不会快乐幸福。每个人的周遭一定有一些看来像"烦恼制造机"的人，他们总在为不可能发生的事、不足挂齿的小事、烦死也没用的事、事不关己的事烦恼，在日积月累的烦恼中，对别人一个无意的眼神、一句无心的话，都产生怀疑，仿佛在努力地防御"病毒"入侵，同时也防御了快乐的可能。别人怎样想我们，沮丧怎样包围我们，其实都是我们想出来的，所谓"魔由心生"。除非你改变自己的态度，否则事情往往会向你想的糟糕方向发展。

02 你走不远，是因为你的内心太沉重

有人向一位雕塑家请教雕塑的秘诀在哪里？雕塑家轻松地回答道："我只是将不是作品的部分全部除掉而已。"其实，人生亦是如此。如果我们能够把附加在生命之上的过多的欲望去掉，那么生命便会显现出它的自然之美。

在我们的周围，总会有人抱怨工作辛苦、职位不高、生活困顿，埋怨上天的不公和命运的残酷。虽然他们也曾心存追求幸福与自由的梦想，但总是把时间消磨在鸡毛蒜皮的琐事上，或者为一些子虚乌有的问题而苦恼，结果不是停滞不前，就是畏首畏尾。

其实，很多人并不清楚自己究竟想要什么，他们没有时间去思

考，因为充斥于生活中的各种琐事已经把他们压得喘不过气来。在不断地哀叹和抱怨中，梦想早已失去了色彩，斗志也被消磨殆尽。而造成这一切的原因，就是他们的内心负重太大，他们仿佛背着一个塞满了苦、累、忧、烦的"垃圾袋"，疲惫不堪地前行。

一个幼儿园老师曾在班上组织过一个游戏。她让每个孩子从家里带来一个塑料口袋，里面装上土豆，并且每个土豆上都要写上一个自己讨厌的人的名字，口袋里土豆的个数代表讨厌的人的数量。

第二天，大家都带着土豆过来了。有两个的，有三个的，最多的是五个。这时老师对孩子们说，大家要时刻带着土豆袋子，包括上厕所的时候。这个游戏将要持续一周。

渐渐地，土豆发霉了，散发出的气味非常难闻，孩子们也常常为此抱怨。尤其是背负太重的孩子不愿意继续游戏了。

当游戏结束时，老师问孩子们："一周内随身带着土豆，你们感觉如何？"孩子们一个个愁眉苦脸，都说带着土豆袋子非常不方便，而且土豆发霉后散发的气味很难闻。

接着，老师告诉孩子们这个游戏的意义。她说："土豆就像你心里讨厌的人，土豆发霉后的气味就像你内心那股嫉恨的毒气，它无时无刻不跟随着你。随身带着土豆一周你都难以忍受，更何况是让嫉恨的毒气跟随你的一生呢？"

然而，反观自我，我们不也是常常把这一袋"怨恨的土豆"时刻背在身上吗？同时，还有一些人甚至背负了更多袋叫"悔恨"、"贪欲"、"嫉妒"、"无奈"、"悲伤"等的土豆。

是的，身上背负太沉的东西，注定无法远行。而这些东西就像一个个土豆，时间久了会发霉、变坏，然后变得更沉重、难闻。

生活本是轻松的，只是我们背负了太多的东西，于是生活变得越来越沉重。生活像一场徒步旅行，你拿的行李越少，走起路来就会越轻松，也会走得越远。如果一出门你就带着一个大皮箱，那么你是注定不会走远的。如何使我们的心放轻松呢？

第一，学会忘记。忘记那些烦恼的过往，过去的事已经过去，让它永远沉没在历史中。生活由许多过去组成，但更重要的是，生活还有许多明天，只有把握好明天，明天才不会成为让我们烦恼的过去。

第二，活在当下。对过去念念不忘没必要，对未来担心不已同样没有必要。今天你要做的事就是做好今天该做的事，活在当下，不为明天忧虑，不为昨天懊恼，这样的人生才是轻松自如的。

第三，拥有一颗宽大的心。一颗宽大的心能包罗万象，不会为一切烦扰，然后才能收拾好行装，轻松上路。生活是轻松的，生活是美好的，你走不远，只因为你的内心太沉重。所以，要时时洗涤心灵，让它轻盈而充满活力。

▄ 03 驱除心中的 "鬼"

从前，在一座名山上有很多可供出家人修行的房间。其中有一间很特殊，据说常常闹鬼，僧人们都十分恐惧，都不愿住在那间房子里。

有一天，一个远道而来的僧人想在山上投宿，可庙里没有多余的房间了。当时天正下着大雨，这位僧人一路奔波来到此地，问了几家寺庙都没有空余的房间了。看着外面的大雨，寺庙住持吞吞吐吐地说道："也不能说没有房间，本寺还有一间空房，只是……只是……"

"只要有房间，什么样的都行。哪怕是牛棚马棚都可以！"这位僧人一听有房间，连忙说道。

于是住持带他来到闹鬼的房间门口，然后指着屋子对他说："这房间虽然空着，但据说这里常常闹鬼，让人不得安宁，你敢住吗？"

"闹鬼？"这位僧人犹豫了一下，但想到外面下着这样大的雨，自己不住的话恐怕今夜便无安身之所了，于是答道："没有关系，我不怕，我能感化它，谢谢师父了。"然后，这位僧人便住进了那个房间。

天渐渐黑了下来，雨越下越大。寺庙住持正准备关闭寺门，这时，又来了一个借宿的僧人。又是刚才那一番问答，这个僧人也同意去住那个闹鬼的房间。于是，他走到那个房间门口，先是左右观察了一番，并没有发现鬼的迹象。他心想："这好端端的屋子，难道真的有鬼在里面不成？"而之前住进去的那个僧人正准备安睡，突然听到门外有动静，心想："不好，难不成鬼真的来了？"于是，急忙站起身，从桌上拿起一只茶杯，准备打鬼。可他拿茶杯的时候不小心碰翻了另一只茶杯，"哐当"一声，茶杯掉在地上摔碎了。这一声响可吓坏了外面正要进门的僧人，他一听，屋里果然有鬼。于是，从旁边拿起一把扫帚，准备进去打鬼。

里面的僧人堵住门，不让鬼进来；外面的僧人用力推门，想要进去打鬼。就这样，一来二去，他俩折腾了一夜。第二天，天亮了，他俩都累得筋疲力尽。里面的僧人抵挡不住了，手一松，外面的"鬼"破门而入，一下摔倒在地。两位僧人四目相对，原来争执了一晚，彼此都是人，不禁都哈哈笑了起来。

这时，寺庙住持来，问他们昨夜可休息得好。一个僧人说："我一夜没睡，听见鬼敲门，我拿着茶杯准备打鬼。"另一个僧人说："我也一夜没睡，听见屋里有鬼，我拿着扫帚准备进屋打鬼。"住持问："然后呢？""然后？"他俩都笑了起来，"然后，就是门开了，我们都看见了彼此以为的鬼。"

生活中的"鬼"也并不少，但这些"鬼"同那两位僧人以为的"鬼"一样，都是在我们心中假想出来的，或者干脆就是从我们自己心里生出来的。一个人丢了斧子，那天正好邻居家的小孩来过，于是他认为就是邻居家的孩子偷了斧子。于是，他一看到邻居家的孩子，就觉得像个偷斧子的人。又过了几天，他在家收拾东西，无意中找到了自己的斧子，原来是自己放错了地方。这时邻居家的孩子又从门口经过，他怎么看邻居家的孩子也不像偷斧子的人了。可见，这"鬼"就是从我们内心生出来的。

要驱除心中的"鬼"，首先就要认清客观事实。内心清静，外邪自然不入，如果一个人内心杂草丛生，那么害虫早晚会遍生园内。认清客观事实，就是要认清事情发展的前因后果，不要只凭主观臆断。

其次，要驱除心中的"鬼"，就要调整自己的心态。心态就是在遇到事情时的态度，既不要夸大，也不低估，而是要摆正心态，端正态度，然后再适当处理。

第三，要驱除心中的"鬼"，就要有足够的力量。这个力量不是指能搬动多重的东西，而是指内心的力量。人的行动是听命于内心的，一个人内心有多大力量，他的行动就有多大力量。只有内心的力量足够强大时，才能克服一切虚妄和烦恼，让这些烦恼没有生存之地，从而才能从根本上消除烦恼。

Part21

过简单的生活，让生活轻松起来

用细腻的心，感受安静的生活；用恬静的心，体会温暖的生活；用开阔的心，感知广阔的生活；用善良的心，认识真正的生活。慢慢地，你会发现，生活充满了生趣，这才是幸福的人生滋味。

▬ 01 处理糟糕的事之前先收起糟糕的心情

人世间的事情，不是悲就是喜，要么就是悲喜交加。面对悲喜，我们虽无法像圣人那样做到时时处事不惊，处处以微笑面对厄运，但我们可以相对掌控自己的情绪，遇事不大喜，也不大悲。

人世间悲与喜是不停轮转的，没有人一辈子遇到的事全是悲，或全是喜，命运对谁都一样，有悲有喜。

虽然我们不是出家修行之人，但从容淡定的处世方式却是我们应该学会的。从容淡定，意味着遇事不多想，也不消极避之，而是淡定自若，静观其变。只有静下心来思考，才能对问题进行全面的分析，才能想出周全的解决方法。如果遇事慌张，不仅不能想出好的办法，往往还会使事情变得更糟。

张华最近在准备一次演讲。公司的新产品得到了一个客户的关注，于是公司决定派张华去客户公司对这个新产品再作一个完整全面的介绍。张华为此做了许多准备，演讲介绍要用的PPT、产品说明书等足有厚厚的一沓。张华反复练了又练，把台词背得滚瓜烂熟了，她觉得应该不会有什么问题了。但到了演讲那天，张华一起床就心绪不宁，感觉非常紧张，她在想万一自己介绍完听众没有反应怎么办？听众提出一些问题自己解答不了怎么办？会不会出现什么意想不到的问题……各种各样的意外情况浮现在张华的脑子里，她感到越来越紧张。

就这样，她怀着忐忑的心情来到了客户公司。演讲的会议室都已经布置好，灯光已打开，人员已就座，话筒也准备好，就等张华上台了。张华小心翼翼地走上了台，拿起了话筒，张着嘴却一句话也说不出来。

张华的演讲失败了。她自己也懊悔不已，可她完全控制不了自己。在演讲台的灯光下，她无法从容淡定地走到台上，无法从容淡定地拿起话筒，更无法从容淡定地说出一句话。

这只是工作中的一件小事，生活中还有许许多多类似的事情都会使我们无法从容面对。生活中还有许多或悲或喜的事，也同样令我们欣喜或沮丧。当我们遇到的多了，面对这些事时，我们就能慢慢地悟出一些道理。

首先，人一辈子都是在悲喜间前行，只要看透了它的规律，从容面对即可。凡事都有其规律，掌握事情的发展规律，就能知道事情的发生、发展及方向，就能很好地判断事情现在发展到了哪一阶段，下面将会如何发展，而我们该采取什么样的措施。

其次，学会看淡一切。不管什么事，如果你看得过重，那么你肯定会出错。有时候，你越怕出错的事就越出错。这都是因为太过于关注。学会把事情看淡，尽自己最大努力去做好，若结果不遂人愿，也不要埋怨自己，毕竟自己已经尽了全力。

第三，学会安抚心灵。随着我们遇到的事越来越多，我们的心胸也会越来越宽广。每当我们的内心因外境而不安时，学会及时安抚它，才能使心灵归于平静，不至于受伤。

我们常常为一些小事发愁、烦恼，其实不如从容处之，大事化小，小事化了。安闲如花、自在如云的从容心境，才是通往幸福快乐生活的捷径。

─ 02 用心生活，体验人生的真滋味

经常会听到周围有人抱怨生活很郁闷，或是活得很疲惫。繁忙的都市生活给大多数现代人带来了太多的压力，快节奏的生活方式使他们忙于奔波。其实，生活中有很多美好的东西值得我们细细品味。有时候即使只是一件很小的事情也可能给你带来快乐，关键是要用心感受生活。只要用心去感受生活，你会发现原来生活中还有这么多令人快乐的事情。

梁昆是一家电脑公司的员工，他每天除了工作、吃饭、睡觉以外，基本没有别的活动。对他来说，生活就像一条流水线，每天就是这样不停地轮转，每天都不会有什么不同。这天,. 他依旧像往常一样去上班，像往常一样站在公交车站等车。这时，洒水工人来给树浇水，站在前面的一排人都退后一步，以免水溅到自己身上。梁昆站在一个树坑旁，树坑里有一棵小树苗，可能是因为好几天没水的缘故，小树苗也全无生气。当浇水工人把水往坑里一灌，顿时坑

里积满了水，水又迅速地被干燥的土壤吸收，小树苗瞬间像打了一针兴奋剂一样，立刻精神了起来。这一瞬间被几个等车的人注意到了，大家都纷纷议论："你看，水一浇，这小树苗立刻生机勃勃的了。"这时，车来了，梁昆上了车，但他忽然感觉到今天与往常好像不太一样，今天的天好像格外晴朗，而今天他的心情好像也格外地好。

我们每天都要面对生活中许许多多的事，这些事有大有小，有的看起来更是一天天地不断重复。然而有的人能在其中得到欣喜，有的人却只在其中生发烦恼。这是为什么呢？同样的生活，却给人们带来不同的感受。这就是我们内心对生活的不同感悟。

生活像一面镜子，照出了我们的内心。你心情好的时候，觉得今天是个好天气，无论是太阳，还是树木，甚至是空气中都充满喜悦的味道；你会发现办公楼前那棵玉兰树，前一天还是光秃秃的，一夜之间竟长满了绿芽；办公桌上同事为你倒好的热水，更是让你欣喜不已，原来还有朋友亲切的问候；上了一天的班，夜幕降临时，你再一次穿梭在车水马龙中，当你回到家和心爱的人一起共进晚餐，饭后又在铺满银色月光的小路上散步的时候，你感觉人生原来如此美妙。这就是幸福的一天。

相反，当你心情不好的时候，同样的一天，你可能就会过出另一种滋味来。你首先可能觉得天气实在是糟透了，太阳毒得怕人，火辣辣的，而街上人多得几乎没地方容身；办公楼里冷冰冰的，没有一点儿人气；桌上同事倒的水也只是无味的白水，没有一点儿味道；下班时，又要去挤公交和地铁，在人群中忍受挤来挤去的烦恼；一进家门，爱人还没把饭做好，好不容易吃完了饭，又要刷碗；刷完碗已经疲惫不堪，外面又一片漆黑，也不想去散什么步了，不如洗洗脸早点睡了，明天又将是沉重的一天。

同样是一天的生活，不同的心情，感受完全不一样。这就是我们内心赋予生活的神奇色彩。你认为生活是彩色的，它就是彩色的；你认为生活是黑白的，它就是黑白的。生活还是原来的生活，而有无色彩完全看你内心的感受。

生活有时与金钱并无直接关系，即便是再有钱的生活，如果没有发现生活之美的眼睛，没有感受生活之美的心灵，那么他眼中的生活也只是毫无生趣的死灰。生活需要有一颗细腻的心，用它去发现并感受生活的美妙。

如果你心里充满了烦恼，那就无法再折射出美好；相反，如果你选择了美好，那么烦恼便会无处容身。用细腻的心，感受安静的生活；用恬静的心，体会温暖的生活；用开阔的心，感知广阔的生活；用善良的心，认识真正的生活。慢慢地，你会发现，生活充满了生趣，这才是幸福的人生滋味。

03 最简单的生活就是最幸福的人生

当今社会正处于转型期，而我们正遭受着前所未有的价值观念的困惑，当人们的价值目标都变成追逐金钱、名利的时候，幸福也就离人们越来越远了，而烦恼也自然多了起来。许多人在城市里打拼，在社会中尔虞我诈，在劳累中继续劳累，为了创造幸福快乐的生活，结果却失去了幸福与快乐，这才是最大的悲哀。

在很多人看来，王娟的生活已经很不错了，有一个一百多平方米的三居室，工作稳定，孩子健康成长，丈夫收入也不错。按说她应该生活得非常幸福快乐了，但王娟自己知道，她的生活可能什么也不缺，唯一缺的就是幸福和快乐。

怎么回事呢？王娟是一个很要强的女人，什么都希望比别人强。在职场工作的这些年，她也确实下了很大功夫，比业绩，比成绩，比工资，比待遇，比职位……总之，什么都比。加班工作到天亮，这对她来说是家常便饭。王娟不仅对自己要求高，对家人也一样。她是比自己周围的人强了，但她的老公和别人的老公比起来，好像就不是那么回事了。这也成了王娟的心病，于是她天天激励老公，也要像她一样拼命努力，一定要混出个样儿来，一定要比她同学、朋友的老公们强才行。可王娟的老公没有王娟那样的野心，他也不是好吃懒做，只是他觉得金钱名利这些东西是没有止境的，差不多就行，尽自己的力量去努力就行，至于能升到什么职位、年薪达到多少数字，并不是自己能决定的。王娟的老公在一家 IT 公司上班，本来他做国内市场维护，工作比较稳定，一般也不加班，每天都按时上下班。王娟因为工作拼命，经常加班，没有固定时间，所以家里的事多半都是王娟的丈夫来打理。王娟有时回家早，只要一进门看见丈夫做饭，气就不打一处来。她觉得一个大男人这么早就下班回家做饭，能有什么出息呢？照这样发展，不知道哪一天能混出个样儿来。于是，她总是和丈夫因为这些事争吵。

后来，丈夫被逼得没办法，下班后也不回家了，宁愿到外面待一会儿，晚一点再回家，王娟问起来他就说加班回来晚了。王娟一听不但不生气，而且很高兴。她觉得，丈夫只有这样努力，才有希望超越别人。后来，丈夫公司国外的市场部有空缺职位，王娟知道后坚持让丈夫申请去国外市场，老公在国外工作，这要是提起来多有面子啊。于是，丈夫去了国外市场部。

丈夫一去就是两年多，开始还经常打电话回家问这问那，但时间一长，电话也很少打了。王娟怀疑丈夫有了外遇，但隔着那么远，也无法确定，每次打电话也只是说几句就挂断了。而家里因为少人管理，孩子的学习成绩开始下滑，班主任给王娟打了好几次电话，但王娟实在没有精力管，结果这学期期末考试孩子的数学只得了 40 分。王娟开始对自己一直引以为傲的生活产生了怀疑，她开始烦恼起来，难道自己的选择是错误的吗？难道自己想多赚点钱，让生活过得好一点不对吗？难道不该有上进心吗？难道……

　　这些烦恼一直纠缠着王娟，可王娟又不敢对别人说，只能独自忍受。有一天，王娟去同学小丽家作客。一进门，就闻到小丽的丈夫炒菜的香味。吃饭时，又听小丽夫妇谈起这两年一起去了不少国内旅游景点，他们说得绘声绘色，脸上洋溢着幸福和快乐。而这正是王娟一直想拥有的，一直为此疯狂努力的，却离自己最遥远。

　　有时，人太渴望成功，太渴望幸福，却往往南辕北辙。明明是在追逐没有烦恼的幸福生活，结果却只剩下烦恼，没有了幸福。

　　梭罗曾说："大多数所谓豪华和舒适的生活不仅不是必不可少的，反而是人类进步的障碍，对此，有识之士更愿选择比穷人还要简单和粗陋的生活，简单和单纯的生活有利于消除物质与生命本质之间的隔阂。为了获得圆满无悔的一生，我们必须认清哪些是我们必须拥有的；哪些是可有可无的；哪些是必须丢弃的。"

　　现代人的烦恼正是由于分不清哪些是必须拥有的，哪些是可有可无的，常常为了身外之物而耗费了自己宝贵的光阴和情感。人们想拥有没有烦恼的幸福人生，认为没有烦恼就等于不为钱烦恼，而幸福就意味着拥有很多的金钱，结果事与愿违，令人烦恼的恰恰就是金钱名利。

　　多一分满足，就少一分焦虑；多一分真实，就少一分虚伪；多一分快乐，就少一分痛苦；多一分简单明白，就少一分烦恼。这就是简单生活所追求的目标。简单的生活使我们少了迷惑，多了内心的丰富；内心的丰富使我们少了烦恼，多了对人生的理解；对人生的理解使我们少了对身外之物的追逐，多了对幸福的认识；对幸福的认识，就是我们幸福生活的开始。

04 生活不是日日激情，平平淡淡才是真

每份工作都有乏味的一面，也有诸多未知的困难。

一个年轻人入职才一个星期就向主管提出了辞职。主管是一名女性，已至中年，在这个行业里打拼了多年，资历颇深。其实，她的工作每天都有重复，却从没见她厌倦过，年轻人对此百思不得其解。

他对她说："一开始，我对工作非常感兴趣。可一个星期过去后，我觉得工作乏味透了，对它再没有一点兴趣。"她虽然很失望，但并没有生气，说："其实我应该祝贺你，至少你仅用了一个星期就发现了自己对这份工作没兴趣。"

在前几天的招聘中，这个年轻人表现得很出色。尤其是他对这一行业表现出的热爱，深深打动了她。就因为他身上那种"不入此行，终身遗憾"的激情，她非常看重他，即使他缺少工作经验。在她看来，兴趣和激情才是年轻人最有价值的资产。正是因此，她说服了公司高层，最终录用了他，但是万万没想到，这个年轻人不过三分钟热度。她默默地想：也许是自己看走眼了，也许是年轻人太毛躁了。

"主管，我特别好奇，你的这份工作做了多久？是如何坚持下来

的？"在走之前，年轻人终于把心中的疑问说了出来。

"27 年。"她坚定地说，"这份工作我做了 27 年，越来越觉得它有趣，所以就坚持了下来。"

"我只做了一个星期，就觉得无聊极了。"年轻人坦率地说。

"因为相处的时间比较短，我并不是很了解你。不知道你是因为入错了行而厌倦，还是因为遇到困难后就退缩了。不过，假如你真的认为这个工作不适合自己，我很为你高兴，毕竟你没有在错的地方浪费太多的时间。不像某些人，在一个行业里做了大半生，到头来才发现自己竟然从来没有喜欢过这份工作。这就好比某些人结婚几十年了，才发现自己从来没有真心爱过对方，这是非常可怕的。"

听到她入情入理的分析，年轻人有些感动，又诚恳地问："在这27 年中，难道你从来没有放弃的念头？"

"没有，一次也没有。"她追忆往昔，以一种欣慰的语气说，"在工作的过程中，我失败过、痛哭过，也有心身俱疲的时候，可是我从来没有想过要放弃。我既然喜欢这份工作，选择了这份工作，就应该以一种包容的眼光看待它。这就好比在爱情中，你能只喜欢一个人的优点，而回避他所有的缺点吗？只有包容缺点，才能让爱情更持久。"

"你说得对。也许我熬过了这一个星期，也会像你一样能做27 年，甚至更多年。"年轻人忽然有些恋恋不舍了。

"问题是，你没有熬过这一个星期。"她说完后挥手示意让他离开办公室。

　　生活中没有太多我们所期待的激情，生活往往是平平淡淡的，很多人刚开始觉得生活丰富多彩，处处充满了新鲜，但是新鲜感一过，便觉得生活了然无趣。其实，这才是生活的常态。生活不是喷泉中的水，人往往享受于水在空中的那一刻，但水终归是要落到水池里，最终变成原本的模样。而生活就是池中的水，而不是空中的水。

　　当一份工作做了一段时间后，很多人便会发现工作是这样的无聊，于是产生厌倦的情绪。当你埋怨生活平淡无奇时，往往忘记了生活并没有变，只是你没有认真地体会生活。

Part22

善待自己，善待他人，幸福生活就在眼前

俗话说：「以和为贵。」和气就是贵气，就是福气。如果失去了和气，那也就失去了福气。失去福气，肯定会烦恼丛生，问题多多。因此，与人相处，要多结善缘。

01 培养开朗的性格，与人和谐相处

常听人说某某人很开朗，很好相处；某某人很矫情，不好相处。那么开朗和矫情是怎么来的呢？

生活中令人烦恼的事实在太多，就拿小杨来说吧，她最近烦恼的事就是朋友们为什么离她越来越远。这事说来也确实挺郁闷的。

小杨在一家证券公司上班，和同事合租了一套两居室。原来两人关系不错，经常一起买菜做饭，后来不知为什么，同事渐渐不怎么回来吃饭了，两人的关系也好像越来越疏远。小杨陷入了烦恼，整天闷闷不乐。后来，另一个同事看出了两人的关系，便问和小杨合租的同事，为什么和小杨好像关系疏远了。这位合租的同事道出了心中的苦恼：原来，小杨是个性格很内向的女孩，不爱与人交流和沟通，有时不知道因为什么事就不搭理她，常常让人摸不着头脑。时间久了，这种气氛让人感觉很压抑。"有什么事不能说出来呢？有什么事不能解决呢？我真是搞不懂，所以，我也不想搞懂了。"这位合租的同事说。

我们的生活中会遇到很多这种性格内向的人，倒不是说性格内向的人就不好，但有时候过分内向的性格使他们看起来不那么容易相处，而在相处的过程中与人发生矛盾和误会的概率也增高了。就

拿小杨来说，与人相处最重要的就是沟通，什么事令你高兴或者不高兴，都应该让对方知晓。如果是对方做了什么令你不愉快的事，对方知道后，下次肯定不会再犯。如果你闷在心里不说，别人不知道说错了什么或做错了什么，只会摸不着头脑，反而觉得你不好相处。

性格内向的人往往在遇到不开心的事时不愿说出来，会闷在心里好几天。性格内向的人心思都比较重，一点小事他们经常会很在意，甚至好几天不能摆脱这种坏情绪的困扰。自己不开心，这种低落的情绪还会散发出去，使身边的人也受到影响，然后人们会敬而远之，于是自己会更不开心。这是一个恶性循环，而造成这一恶性循环的不是别人，正是自己。

要想摆脱这种烦恼，就要学着做一个开朗的人。第一，要培养自信心。性格内向的人多半自卑，怕与人交流，他们总是小心翼翼地行事，生怕出了什么差错，惹来众人挑剔的目光。其实，这就是缺少自信的一种表现，因此，要培养自信，试着主动与外界多沟通交流，你会发现，其实沟通是一件很快乐的事。

第二，学会忘掉不愉快的事。开朗的人有一个特点就是记性好，遗忘也快。如果一个人总是记得不愉快的事，那么这种不愉快的情绪也会长时间挥之不去。让自己尽快忘掉不愉快的事，就能使自己早日摆脱不良情绪的困扰。

第三，试着多与人交流。把心中快乐的、不快乐的事试着说给朋友，请朋友出主意、想办法。有时自己身陷困扰不能自拔，而朋友的几句话就可能使你豁然开朗。

人际是一张敞开的网，人不可能孤立地生活。因此，试着敞开心扉，与人交流，培养开朗的性格，生活自然事事顺心如意。

▬ 02 与人为善，和气的生活没烦恼

《菜根谭》里有这样一句话："天地之气，暖则生，寒则杀。故性气清冷者，受享亦凉薄；唯和气热心之人，其福亦厚，其禄也长。"意思是说大自然有四季的变化，春夏温暖则万物生机，秋冬寒冷则万物肃杀。性情高傲的人，他的表情就如同秋冬，寒气冷漠而让人无法接近，他得到的也自然不是春光。只有那些性情温和、满怀热情的人，他所获的福分不但丰厚，而且长久。

寺庙里的弥勒佛总是咧着嘴笑盈盈的，因此庙里人来人往，香火也就特别旺盛。当然，这只是个戏说，但在现实生活中，与人为善，和气是福的例子还真不少。

我家楼下有一个卖水果的店铺，老板是个中年女性，不知为什么，她总是很冷默。有人来买水果，她也爱答不理，别人多挑选一下，她就斜着眼睛瞪着买主，然后冷声冷气地说："挑什么挑？有什么可挑的！"因为这附近只有这一个水果店，买主虽然生气，可也没办法，还是得在这里买水果。虽然店主态度冷默，还经常与顾客发生争执，但买主因为没有其他可选择的地方，所以也多半选择了忍耐。

可最近这位冷漠的店老板开始烦恼了。她终于不再像以前那样旁若无人般地孤傲了，她的眉头紧蹙，一朵愁云浮上了眉梢。怎么回事呢？原来，就在旁边隔了两个店铺的地方，新开了一家水果店。这家店老板是个年轻的小姑娘，人长得漂亮不说，嘴也甜，对来买水果的顾客都笑脸相迎。不但允许买家尽情挑选，在结账时还常常舍掉零头，有时年纪长一些的大爷大妈去买水果，偶尔结完账后还会往袋子里再装上两个。这样一来，大家全到新开的水果店里买了，而原来这家店就没了生意。这下店老板当然就发愁了。

做生意是这样，为人处世也是同样的道理。如果平日里横眉冷目，谁也不会和你亲近。而对于一个家庭来说，和气更是消除烦恼的制胜法宝。

王小林最近下班不太想回家，原因是跟婆婆的关系令她很烦恼，总是因为一点小事就发生不愉快，而丈夫夹在中间也左右为难。时间久了，丈夫也经常不回家，原本好好的一个家眼看就要散了。小林烦恼极了，后悔为什么不控制一下自己的脾气。

生活中很多烦恼的事都源于失去了和气。俗话说："以和为贵。"和气就是贵气，就是福气。如果失去了和气，那也就失去了福气。失去福气，肯定会烦恼丛生，问题多多。因此，与人相处，要多结善缘。

与人为善，并不是刻意讨好别人，而是用真诚的心对待他人，赞美他人，从而建立良好的关系。生活中多帮助别人，善待别人，用微笑面对他人，这样和气就会聚集在你的周围，而烦恼也就自然而然地无处容身了。

▄ 03 善待自己，不操多余的心

生活中，我们常听一些人抱怨："我就是操心的命！"其实，这世上哪有操心的命呢？还不是你自己寻来的。

小邓家最近因为装修房子闹得鸡犬不宁。小邓和老公去年用自己辛苦的积蓄买了一套两居室的房子，今年交房了，小两口本来高高兴兴地展望自己未来的生活，可谁知计划赶不上变化，这美好的憧憬瞬间变成了争吵和烦恼。怎么回事呢？

原来，小邓的父母和小邓的公公婆婆听说他们的房子交了，也非常高兴，于是两家老人都操起心来。小邓的妈妈说装修可不能马虎，装不好后患无穷。小邓觉得说得有道理，可自己也是第一次买房，没有什么经验，只能从网上、论坛里看别人的装修经验。小邓妈妈也热心地到处打听装修的事，一听说什么消息就赶紧给小邓打电话。小邓婆婆这边更是关心，直接买了火车票要来盯着装修。婆婆亲自上阵指挥装修，本来也是件好事，省得小邓和丈夫工作忙没时间管。但这一装修，问题出来了，烦恼也出来了。

婆婆毕竟是上一个年代的人，与现在年轻人的想法还是有很大不同的，而且对许多新生的事物、新的观念还不能接受。小邓和丈夫都是年轻人，对时尚、电子都很关注。因此，在第一个大问题——装修风格上产生了分歧。小邓和丈夫喜欢田园风格，畅想着能像国外小庄园一样的清新美丽，在这样的家里生活肯定特别悠闲放松。但婆婆觉得这些不伦不类，不如中式正统的风格好，大大方方，规规矩矩。于是，三人就上街去挑选建材、家具。选了一圈下来，婆婆觉得儿子和媳妇看上的太另类，不成体统，而儿子和媳妇又觉得婆婆挑选的太老土，就这样一件也没选成。

事情本来已经很乱了，谁知小邓的妈妈听说她婆婆亲自上阵指挥装修，这哪里行呢？于是，小邓的妈妈也亲临现场了。这下一大家子可热闹了，意见更多了，分歧也更大了。结果，从交房到现在快两个月了，小邓家的装修毫无动静。

婆婆抱怨自己吃力不讨好，小邓妈妈又抱怨年轻人任性不懂事，都是各有各的理。最后婆婆和妈妈一起抱怨："唉，谁让我们都是操心的命！"

生活中类似的事情并不少见，其实当你抱怨"都是操心惹的祸"的时候，往往都是自己在惹祸。少操一份心，便少一分担心；少一分担心，便少一分烦恼；少一分烦恼，生活便轻松一分。庄子说："巧者劳，智者忧，无能者无所求。"你操心的事越多，烦恼也就越多。

还是那句话：烦恼都是自己寻来的。世间的事皆有归属，该是谁的事就由谁去处理，没必要操无谓的心。就像上面的故事，既然是儿女自己的房，何不让他们随心所欲地设计呢？自己忙活半天，不合人心意，自己岂不白受委屈？相反，房子不合主人的心意，那么主人又岂能惬意呢？因此，这不是双赢，而是双输。再说生活已经有太多琐碎的事了，为何不去减少烦恼，反而去制造更多的烦恼呢？到头来，还埋怨是"操心的命"，这些人真真可笑。

04 改变别人，不如宽慰自己

有人曾说，改变一个人的想法或行动，比改变这个地球都难。诚然，如果你带着挑剔的心理，执拗地去改变别人，而不懂得宽恕、理解、尊重，你就只能活在自我意识的烦恼当中。有些人可能根本不懂得怎样去宽恕他人、理解他人，也不会放松自己躁动的情绪。

事实上，宽恕他人，就是在救赎自己。人非圣贤，孰能无过。何况，我们都是平凡大众。

无论大人还是孩子，都喜欢从主观愿望出发考虑问题，面对一些事情的时候，总希望别人能够做出改变，或者别人能够接受自己的想法，被自己改变。往往，我们很少考虑到自己应该做出一些改变。当遇到这种思想"对立"，或是意见不一致的情况，很多人采取"死磕"的态度，最终搞得大家都很烦恼，却于事无补。

南京一家外企工作的小张，说起他们办公室发生的一些事。他们部门有位姓姚的总监，四十刚出头，中等身材，前脑门溜光，平时在办公室里喜欢迈着方步，鼻子不时发出"哼哼"的声音，对同事们经常使来唤去。大家都觉得他"官威足，架子大。"

小张他们在私底下都管总监大人叫"哼哈姚"，人难相处不说，他还很吝啬，爱拍大老板的马屁。

部门的几个同事经常凑到一起聚餐。大家习惯了 AA 制。可是，总监也会时不时加入到聚餐的行列，可是让大家哭笑不得的是，这位小领导每次在埋单的时候都找不到人，不是进厕所，就是跑外面接电话，一去就是 20 分钟。等大家把钱付了，他也会"适时"出现。所以，每次聚餐的 AA 餐费他都不付，这上大家都很烦恼，拒绝他参与吧，没有人能张得了这个口，让他参与吧，从来不付款，更别说请自己团队的这些同事吃顿饭了。

久而久之，大家都对他"敬而远之"了，一个太有个性的人，来到一个与他个性不符的环境中，就会产生强烈的冲突或是排斥性，他的下场很可能就是被孤立，或是自我孤立。

如果你能站在对方的角度，设身处地想想对方，己所欲之，必先予人。不要只伸手索要，也别只想着"改造"他人，要先学会改变自己。

与他人真诚交往，不是强颜欢笑，虚情假意与对方唏嘘寒暄；也不是面无表情，横眉冷对的冷言冷语，而是打开心门，发自内心的与他人交流沟通。撕掉自己的虚伪面具，改变自己的冷漠态度，打心底善意地去接受他人，真诚面对他人。不要把自己圈在自己的圈子里，自我封闭起来。善待他人，从微笑开始，微笑是人与人之间理解的纽带，它能冰释一切冷漠与误会。

很多情况下，我们都在不自觉的一边找借口，一边又埋怨着烦恼的事。因为，很多都时候，我们都是自己再给自己制造麻烦。举一个我们司空见惯的例子——闯红灯现象。对于闯红灯这件事，我们听到的抱怨并不少，"现在的人啊，一点秩序都没有！""瞧，就这种人，不出交通事故才怪呢！"可是，很多人自己也可能会加入到闯红灯的行列。在指责别人素质差的时候，可自己又是怎么做的呢？我们总是心浮气躁地评点别人，而不检点自己的行为。假如每个人都约束好自己，都试图努力改变自己，那样岂不是整个群体也改变了？不要总是想着改变别人，也不要因为你改变不了别人还烦恼，假如自己做得好，你就可以影响别人，不要轻视了自己的影响力。

再看看这个故事吧：

一只大雁打算飞往南方，途中遇到一只喜鹊，他们一起停在一棵树上休息。

喜鹊问大雁："你这么辛苦，要飞到哪里去？为什么要离开这里呢？"

大雁伤心地说："其实，我也不想离开这里，可是这里的人都不喜欢我的叫声。所以我想飞到别的地方去。"

喜鹊好心地说："别白费力气了。如果你不改变自己的声音，飞到哪儿都不会受欢迎的。"

很多问题，主要原因还是在自己身上，不是别人不喜欢自己，而是自己还不够可爱。不要总是从别人身上找原因，也不要总是想着改变别人，其实改变了自己就可能改变别人。

　　与其改变世界，不如先改变自己，改变自己的某些观念和做法，以抵御外来的侵袭。

　　当自己改变后，眼中的世界自然也就跟着改变了。

Part23

打开心门，准备迎接美好的生活

生活对每个人都是公平的。谁的人生都不会一帆风顺。而那些聪明的人，会把悲伤埋在心底，然后继续带着快乐前行。要想获得快乐幸福的生活，首先就要将自己心中的烦恼沉淀下来，用一颗从容宽广的心去包容它，让它沉在心底，不再泛起波澜。

▬01 事事聪明未必好，难得糊涂才是福

郑板桥有一句名言："难得糊涂。"这简短的四个字中却蕴含了精妙的人生智慧，许多人都将这句名言奉为警句，挂于墙上。关于这句经典名言，有一个小故事。

相传郑板桥在山东上任时，有一次浏览莱州的云峰山，本来想去观赏著名的郑文公碑，但见天色已晚，便在山中一茅屋借宿。茅屋的主人是一位老者，须眉皆白，却谈吐不俗，自称"糊涂老人"。老者的家中有一方砚台，有桌子大小，石质细腻，镂刻精良，郑板桥不禁大为赞叹。第二天，老者请郑板桥题字，想刻于砚台的背面。郑板桥想了想，提笔写了四字：难得糊涂。然后盖上"康熙秀才、雍正举人、乾隆进士"的方印。因砚台还有很大空余的地方，于是郑板桥就请老者写上一段跋语。只见老者接过笔，写道："得美石难，得顽石难，由美石转入顽石更难。美于中，顽于外，藏野人之庐，不入富贵门也。"然后也用一块方印，盖上"院试第一、乡试第一、殿试第一"的字样。郑板桥一看大惊，方知老者原来是隐居的一位高官。于是，更感叹老者的"糊涂"智慧，郑板桥提笔写道："聪明难，糊涂难，由聪明转糊涂更难。放一著，退一步，当下心安，非图后来福报也。"由此，"难得糊涂"四字便流传下来。

生活中，父母渴望自己的孩子聪明，教师渴望自己的学生聪明，老板渴望自己的员工聪明，妻子渴望自己的丈夫聪明……可很多时候，人们往往聪明过了头，变成了自以为聪明，结果却成了真正的大糊涂。

生活中往往有许多人觉得自己很聪明，可是这种聪明早就被别人看穿了，他们还自欺欺人地以为自己占了便宜。有句话叫"机关算尽太聪明，反误了卿卿性命"，太聪明的人事事计较、事事较真，往往只会徒增烦恼；而耍小聪明的人自以为很聪明，结果最后吃亏的还是自己，到头来更是烦恼无穷。所以，有时处处聪明不一定是好事，而"难得糊涂"却能给你带来意想不到的收获。

富弼是宋仁宗时期的宰相，年轻时有一次遭人平白无故地谩骂。有人告诉了富弼，富弼却说："大概是你听错了吧，可能是骂别人吧。"这个人说没有听错，指名道姓的还能错？富弼又说："哦，那可能被骂的人与我同名同姓吧。"后来，那个骂富弼的人听后，感到十分惭愧，于是跑来向富弼道歉。正是富弼的这种假装糊涂，体现了他的睿智与豁达，从而能消除嫉恨、息事宁人。

生活中没必要处处较真、处处算计，有时不妨"难得糊涂"，一笑了之，既少了烦恼，也于人于己都方便，岂不妙哉？

02 放慢脚步，心急吃不了热豆腐

有一个这样的故事，从前有一个县官，刚上任第一天，他就想找一个急性子的人当差，他感觉急性子的人干事麻利，不耽误事。差役们果然找到一个急性子的人，把他带到知县面前。知县很高兴，让他跟着自己办公事。一天，有个上司来这个县视察，知县接到通知，马上出城迎接。谁知走到一座桥时，因为前一天的大雨把桥冲毁了。这下大家可为了难。桥被冲毁，轿子无法过河，迎接不了上司，这可是要受责罚的。大家焦急不已。这时，急性子说："老爷，您下轿，我背着您过河，这样不耽误事！"于是，急性子背起知县就往水里跑。知县老爷非常高兴，心想："果然没用错人。"于是知县对急性子说："回去赏银 20 两！"急性子一听，立刻下跪谢恩，只听"咚"一声，知县老爷掉到了河里。

生活中的急性子有不少，陈林就是一个急性子。她的急性子可是出了名的，稍微不合意就急躁起来，结果经常和别人发生争执，时间一长，别人都不跟她来往了。她一个人独来独往，心里很不是滋味。她这个急性子真是天生的，从小就这样。跟人说话说两遍对方还是不明白，她就不耐烦了，时常冲人大喊大叫。有一次，她和同学约好去看电影，结果同学堵车迟到了，她气得把票一扔，走人了。后来大家离她越来越远，与她的关系也越来越淡了。

有句古话说："心急吃不了热豆腐。"有些事是急不来的，你越急反而把事办得越糟。心浮气躁是无法静下心来仔细研究事物的规律，认清事物的本质的。要想办好事绝不能着急，由着自己的性子来。要先查明事情的原因，这样才能稳操胜券。但有些人不明白这个道理，一遇到事情，就恨不得立刻弄个水落石出，一针扎出血来。

生活中我们常遇到这样的事：突然找不着某个东西，急得团团转，最后却发现东西就在自己的手里；突然要找某件衣服，结果翻箱倒柜怎么也找不着，过了几天发现这件衣服就在衣架上挂着……还有许多类似的事，有时真的让人很头痛，我们怀疑自己是不是老了？记性差了？怎么老是发生这样的事？其实，不是我们老了，记性差了，而是着急慌张出的错。人一着急，就会手忙脚乱，头脑里就会一片空白，没有条理，就容易出错。

金梅是一家公司宣传部的员工，最近公司要举办一个宣传活动，为一种产品做宣传。大家都按部就班地准备着。发布会的前一天，一切工作都准备就绪，正准备布展的时候，突然公司接到一个电话，是产品商打来的，说产品要临时更名。更名？金梅不禁慌了神，都到这会儿了，宣传册、海报什么的都准备印刷了，这时候要更名？可顾客就是上帝，上帝要改，怎么办呢？没办法，只好改！于是，所有人又开始加班加点。所有人都在翻册子、海报上的产品名称，凡是看到的都一一进行修改。大家加了一夜的班，终于完成了任务，产品宣传册和海报也印了出来，摆在了展台上。正当发布会要开始的时候，金梅突然想起来，之前已寄给嘉宾的发言稿上的产品名称没有改！这下可糟了，如果嘉宾发言和产品不一致，那不是要闹笑话吗？于是，金梅赶紧联系每一位嘉宾，告诉他们改名字的事。由于事情太突然，很多嘉宾通知不到，于是发布会只能临时改变计划，取消没有通知到的嘉宾的发言。

发布会结束了，虽然没有闹笑话，但使这次发布会的效果大打折扣。金梅不禁埋怨自己，慌什么呢，为什么不把事情再仔细考虑周全一些呢？

虽然这件事没有造成太大的影响，但充分说明了心浮气躁对我们来说没有一点好处。急躁是一种病态的心理，主要表现就是心绪不安、心神不宁，做起事来就没有条理逻辑，就经常会出错。

弘一大师有一句话说得好："处至急之事愈宜缓。"意思就是说处理特别紧急的事反而越要缓慢认真处理，只有这样才能保持清醒的头脑，才能作出正确的判断和决定，才能把事情最终处理好。因此，为人处世急不得，你越急，烦恼只会越多，倒不如用一颗平常心去对待，或许事情反而好解决得多。

━ 03 沉淀烦恼，释放快乐

生活中烦恼的事有很多，有些事你越想忘掉却越是忘不掉，而人生中不是所有的事都能忘记。就像一杯水，会有灰尘，会有水碱，但慢慢地水碱和灰尘会沉到水底，水会重新清澈起来。烦恼就像灰尘，如果你拼命摇晃自己，就会把这些灰尘都搅动起来，就会使自己更烦恼。

婷婷本来是一个开朗的女孩，但自从和男朋友分手后她变得沉默寡言。朋友们也都曾劝过她，给她介绍过新的男朋友，但每次都是刚开始交往得还不错，可没两个月就又分手了。怎么回事呢？有一次，婷婷和一个新认识的男朋友约会看电影，这位男士为了方便婷婷看完电影后回家，就买了婷婷家附近的一家电影院的票。婷婷本来高高兴兴地去看电影，可到了一看是那家电影院，脸上不禁泛起一阵愁云。原来，那是婷婷和曾经的男朋友一起去过的电影院，这使婷婷再次回想起许多过去的美好，过去的美好再和如今的凄凉相比，不禁悲从心来。就这样，婷婷没有去看电影，也没有再见这位男士。

生活中有很多事都会成为我们的记忆，有快乐的，也有不快乐的；有些不快乐的事，并不是我们想忘就可以忘记的，它们总像一个魔咒，纠缠着我们的心。每当我们的心刚刚要好起来的时候，那个魔咒就会响起，然后又重重地刺伤我们的心。相信很多人都经历过这样的过程，挣扎、失败，再挣扎、再失败，如此几番下来，我们千疮百孔、遍体鳞伤。但生活中同样也有一些人，他们同样经历了许多悲伤的往事，但他们依然微笑着面对生活、面对他人，难道是他们把这些悲伤的往事全都忘记了吗？

生活对待每个人都是公平的，谁也不会一帆风顺，而那些聪明的人会把悲伤埋在心底，然后继续带着快乐前行。在以后的生活中，他们同样会再次遇到一些事，会勾起心中的伤痛，但他们懂得分清现在和过去、现在和未来的关系，然后清醒地告诉自己，过去不等于现在，而现在关乎着未来，然后依然微笑前行。

因此，要想获得快乐幸福的生活，首先就要将自己心中的烦恼沉淀下来，用一颗从容宽广的心去包容它，让它沉在心底，不再泛起波澜。

04 守护宁静的心，烦恼自然无处生尘

六祖慧能得法后辗转至广州法性寺。一日，风吹旗幡，幡随风动，有一僧说是"风动"，另一僧反驳说是"幡动"，二人争论不休。于是六祖走上前对他们说："既不是风动，也不是幡动，而是两位仁者的心在动啊！"

现代社会的飞速发展让人们眼花缭乱，生活中充满了太多的诱惑，常常使人们的心蠢蠢欲动。心动，则不能平静，于是生出许多烦恼是非来。

"我怎么总是静不下心来，这样的状态下，我是画不好画的。"一位画家正在创作一幅画。他已经画了好几天了，可仍是一点进展也没有。每次提起笔，刚下笔就感觉不好，于是把画纸扔掉，重新画。如此折腾了好几次，纸浪费了好几张，最终也没有完成。

后来，他干脆不画了，躺在沙发上冥想。他想象着自己在蓝天白云下的一片广阔无垠的大草原上尽情地奔跑，然后跑到筋疲力尽的时候，躺在草地上休息。身上的每一个细胞仿佛都在呼吸，此时的他心里什么也没有，就像湛蓝的天空……思绪到这儿的时候，他睁开了眼睛，突然感到一阵前所未有的宁静，然后拿起笔，迅速画出了他心中的那幅画。

许多事往往就是这样，你的心静不下来，就无法完成你想要做的事。而你越努力想静下来，却往往静不下来。这时候，好像我们的心在跟自己作对一样，偏偏不听我们的使唤。

可见，往往我们所见的并不一定是真实，而是我们的内心。心随境转，当环境发生变化，内心也很容易跟着环境发生变化，从而影响个人的情绪，生出烦恼。

想要让心宁静下来，就要修心。修心就是修炼定力，一个有定力的人不会因为外界的变化而变化，他会看清周遭的一切不过是现象，而真正本质的东西就藏在自己心里。因此，不随波逐流，人云亦云。用一颗平静的心去看待万事万物，你会发现，世界变得不那么喧闹，而是平静柔和的。大多数人的烦恼都来自于不安，这种不安源于内心的体悟，只有自己的心豁然开朗了，内心才会宁静安详，才能发现生活之美。

Part24

幸福的生活，来自于内心的感受

长久的幸福需要我们去发展和保持一种内心平静的特殊体验，而唯一达到这种境界的办法是通过自我精神训练，发展化解外界痛苦的智慧，逐渐减少消极情绪的干扰，让自己的心灵积极而平静。

一 01 用一颗平静的心去感受真实的幸福

金钱与幸福并没有直接的关系,而烦恼与幸福却紧密相关。什么是幸福?幸福往往就在我们的内心。

有一位成功的商人,虽然赚了许多钱,但他似乎从来不曾轻松过。他的烦恼似乎也从来没有一天离开过。

他下班回到家里,走进餐厅。餐厅的家具都是胡桃木做的,十分华丽,有一张大餐桌和六张椅子,但他根本没去注意它们。他在餐桌前坐下来,心情十分烦躁,于是他又站了起来,在房间里走来走去。他心不在焉地敲敲桌面,差点被椅子绊倒。

这时候他的妻子走了过来,在餐桌前坐下。他一直用手敲桌面,直到一个仆人把晚餐端上来为止。他很快地把东西一一吞下,他的两只手就像两把铲子,不断把眼前的晚餐一一铲进口中。

晚餐后,他立刻起身走进起居室。起居室装饰得富丽堂皇,意大利真皮沙发,地板铺着土耳其的手织地毯,墙上挂着名画。他把自己投进一张椅子里,几乎在同一时刻拿起一份报纸。他匆忙地翻了几页,急急瞄了瞄大字标题,然后把报纸丢到地上,拿起一根雪茄。他一口咬掉雪茄的头部,点燃后吸了两口,便把它放进了烟灰缸。

他不知道自己要做些什么。他突然跳了起来，走到电视机前，打开电视。等到画面出现时，他又很不耐烦地把它关掉，然后大步走到客厅的衣架前，抓起他的帽子和外衣，到屋外散步。

他持续这样的动作已有好几百次了。他在事业上虽然十分成功，却一直未学会如何放松自己。他总是这样焦虑紧张，并且常常放不下公司里的那些琐碎事情。他没有经济上的担忧，但他的内心总是感到不安、无所适从。为了争取成功与地位，他已经付出了自己的全部时间。然而他在拼命工作、拼命赚钱的过程中却迷失了自己。

生活在这种状态中，是无法感受到幸福的。妻子和儿子都为他担心，可他习惯了在生意场上算计，一旦停下来，他就感到不安，感到他会被别人算计。于是，他陷入了这种紧张不安中。

其实生活没有我们想象的那样复杂，社会也没有我们想象的那样不堪，只是人们在心中把它们赋予了太多太多的角色，于是让它们生出太多太多的事端。生活水平的提高并没有使人们的精神生活得到同样的提高，恰恰相反，我们的精神越来越贫瘠，我们的内心越来越空虚，最终迷失了自己。

长久的幸福需要我们去发展和保持一种内心平静的特殊体验，而达到这种境界的唯一办法是通过自我精神训练，发展化解外界痛苦的智慧，逐渐减少消极情绪的干扰，让自己的心灵积极而平静。一旦拥有这种平静，我们就会拥有幸福的一生，享受真正的自由。

02 心路开，幸福之路也打开

一对夫妇有三个儿子，他们希望儿子都能成才，于是平常教育非常严格。一天，父亲在等着孩子们一起吃早餐，大儿子首先出来了。父亲对他笑了笑，问道："昨晚睡得怎么样啊？"大儿子回答："挺好的。我做了一个梦，梦到在天堂里玩。"父亲又问："天堂是什么样呢？"大儿子回答："很好呀，就像我们家一样。"

这时，二儿子也来到桌前。父亲问二儿子："昨晚睡得怎么样啊？"二儿子回答："还行吧，做了一夜的梦。"父亲问："梦见什么了？"二儿子回答："梦见去一个地方玩了，但很无聊。"父亲问："那是什么样的地方呢？"二儿子回答："跟咱们家差不多。"

这时，三儿子下来了。父亲又问了同样的问题："昨晚睡得怎么样？"三儿子回答："不太好。我做噩梦了，梦见了地狱。"父亲大吃一惊，问道："那地狱是什么样呢？"三儿子回答："跟我们家一样。"

家是同样的家，三个儿子的回答却完全不一样，因为在每个人的心里，对家的感觉都不一样。水对鱼来说，是它们赖以生存的宝贵的东西；对人类来说，是维持生命的物质；对鬼道众生来说，是脓血；对天神来说，则是晶莹透明的玻璃。同样的水，用不同的心去理解，就会看到不一样的结果。生活也是如此，你以什么样的心态看生活，生活就会是什么样子。你觉得生活像天堂，它就是天堂；你觉得生活是地狱，它就是地狱。

生活中有这样一些人，工作提不起精神，看许多事都不顺眼，办事总觉得有什么东西碍手碍脚地阻拦着自己，总觉得自己是英雄无用武之地。于是感到怀才不遇、无所作为，甚至自卑、恐惧。内心充满了太多的阻碍、太多的枷锁，使人们在生活中产生了不和谐、不自在，充满了许多迷茫。这种枷锁一旦形成，就很难客观、冷静、全面地认识事物的真相，也总会在取舍、分别、计较中徘徊。久而久之，心就会变得狭隘、自私。

心中的黑暗不是来自于外物，只源于心本身。心承载了太多的东西，比如名利、妄念、贪婪……即使外面再阳光明媚，也无法照射进来，心里还是一片黑暗。试着敞开心怀，把目光投向有阳光的地方，你会发现，生活处处充满阳光。

03 突破生存惯性，有些事大可不去做

如今几乎所有人都在为买房殚精竭虑，或者因变成了"房奴"而苦不堪言。而她却是个例外，她说自己想要的是方便和舒适，所以没有贷款买昂贵的住房。房子是不会动的，而人要到处漂泊，房子是为了人而存在的。

新婚时，她和先生租了一套小型公寓房，小区环境幽静，而且

距离两人的单位都很近，夫妻俩上班都是步行，日子过得非常舒心。

生完孩子后，她又在单位附近租了个一楼带院子的两室一厅，院子里通常都阳光灿烂，很方便老人生活起居，最重要的是离单位近，照顾孩子就方便多了，房子的最大作用就显现出来了。

到了孩子上学的时候，她又把家搬到了孩子学校附近一个很好的小区，那里住户的整体素质比较高，小区有很多小孩，他们可以一起上学、玩耍，上下学的路上也很安全，他们也不用风里来雨里去地接送孩子。

她估算了一下，与贷款买房相比，按自己的想法租理想的住房所需要的费用就显得微不足道了，而房子无疑发挥了最大作用，他们的生活也非常幸福。

在大家都忙着学车的时候，她虽然买得起车也养得起车，然而却并不热衷于此，她说自己不喜欢机器。另外，从经济和环保的因素考虑，很明显与打车相比买车的成本要高得多。实际上，因为她的家是不断移动的，所以也就不用买车。

有一段时间股市疯涨，"股海"中顿时人头攒动，她却冷眼旁观。她说她也想发大财，只是对数字没有感觉。当大家的心情都随着股市跌宕起伏时，她却优哉游哉地品茗读书、写书。后来股市屡屡下跌，当大家如梦方醒时，她写的书已赚了近 10 万元钱。

为了给孩子的将来增添筹码，大多数家长都忙着送孩子去各种各样的补习班，她却没有盲目地加入其中，而是让儿子做自己喜欢的手工活。儿子说他想做个快乐的蓝领，她认为这样很好。在她的鼓励和支持下，儿子的动手能力和自理能力是学校里最好的，而且多次在全国获得小设计奖。

她一般不去大型超市购物，而是常去附近的便利店，因为在那里买东西速度很快，不用在琳琅满目的货架前犹豫不决。其实，有些事情，我们不做，反倒更有意义。

如今她租住的房子有宽敞的院子、温馨的客厅、明净的窗子，还有斑驳的阳光和清爽的风。周末的午后，朋友们都喜欢去她家喝茶，享受那一份悠闲和惬意。她没有房贷、车贷等等诸如此类的压力，日子过得如同穿堂风一般自由闲适。

这位女性可谓是一个突破了生存惯性的智者。她不盲从，不随大流，仅仅是以自己喜欢的方式过自己喜欢的生活。

实际上，世界上必须要做的事并没有我们想象的那么多，有些事其实大可不去做。

04 幸福的住处，在心灵深处

幸福总围绕在别人身边，烦恼总纠缠在自己心里。——这是大多数人对幸福和烦恼的理解。差学生以为考了高分就可以没有烦恼，贫穷的人以为有了钱就可以得到幸福。结果有烦恼的依旧难消烦恼，不幸福的仍然难得幸福。烦恼仿佛成了人们寻找幸福的一道屏障。

寻找幸福的有两种人。一种人为人生最大的幸福在山顶上，于是气喘吁吁、穷尽一生去攀登。结果却发现，他们永远登不到顶，看不到头。他们根本不知道，这座山根本就没有顶，所以他们永远也不会爬到顶。另一种人则认为，幸福就在平凡的生活中，一路上走走停停，看看山峦、赏赏虹霓、吹吹清风，心灵在放松中得到某种满足，这就是幸福。结果是，第一种人生活得很累，一生都在不停地攀登；而第二种人生活得很轻松，一生都在享受着生活。

幸福究竟是什么呢？有的人认为幸福就是金钱，于是拼了命地去追求物质上的富足，不停地买房子换车子；有的人认为幸福就是获得别人的认可，于是不停地去讨好别人、迎合别人；有的人认为幸福就是嫁一个既有钱又爱自己的人，于是遍寻人海，相亲无数，希望找到这种幸福；有的人则认为幸福就是上有老、下有小的一个大家庭。

一千个人就有一千种对幸福的理解，幸福并没有具体的定义，其实幸福就是我们心里的一种感觉。可是很多时候，我们的心被太多的外物所充斥，因而体味不到这种幸福，甚至最终失去了幸福。其实，每个人都能得到幸福，只是很多时候我们感受不到、发现不了，常常与幸福擦肩而过。

欲望会使我们烦恼丛生，从而距幸福越来越远。一个人今天买了一件衣服，明天就想要更多的衣服；今天买了一个茶壶，明天就想装进纯天然的山泉水。这样的人不会幸福，只会被无休止的烦恼纠缠。因为他的欲望太多、渴望太多，永远也无法满足。他永远奔波在欲望的路上，而通往欲望之路与通往幸福的路是背道而驰的。

计较的人天天为计较的事烦恼，因而得不到幸福。我们常见有一些人，今天因为这个不高兴，明天因为那个不愉快，不管什么东西，他总能挑出毛病来，并且振振有词。这样的人也注定不会幸福，因为他的眼里没有包容，只有不如意。

充满疑虑的人也不会幸福。在他们的心里，对一切都不相信，对于任何人或事他们都怀疑万分。别人对他好，他觉得有人想利用自己；别人对他不好，他觉得人们难以信任。他们没有朋友，没有友情，只有孤零零的自己。

自私的人也不会幸福。只为自己考虑不为他人考虑的人不会交到朋友，也不会有人愿意和这样的人成为朋友。自私的人只顾保护自己的利益，担心自己的利益会受到损害，有时甚至不惜牺牲别人的利益来成全自己的利益。这样的人损人利己，注定也不会得到幸福。

说了这么多，那什么样的人才能获得幸福呢？

活得糊涂的人，容易幸福。因为糊涂，所以许多事看得并不真切，不真切就不较真，不较真便没烦恼。糊涂的人计较得少，虽然有时活得简单粗糙，但因此达到了人生的大境界。烦恼都是自找的，不是烦恼离不开你，而是你撇不下它。当你的心里装的全是烦恼，又怎么会感受到幸福呢？

知足的人容易幸福。知足的人，即使睡在地上，也觉得很快乐。不知足的人，即使身处天堂，也觉得不满意。生活中，到处充满了机会，可以说是能让人丰衣足食。生活中有这么多令人幸福的东西，可我们却变得越来越不幸福。究其原因，就是没有一颗知足的心。有了贪念，就永远不能满足；不满足，就会感到欠缺。因此，一颗知足的心，才能获得真正的喜悦、真正的宁静、真正的幸福。

懂得珍惜的人容易幸福。懂得珍惜的人知道眼前拥有的一切来之不易，不会任意挥霍，会珍惜眼前所得，会知足于眼前所得。

撇下烦恼，幸福就会简单。也许是一杯茶、一个拥抱、一个吻、一个眼神，抑或是一个家、一个知心的人……其实幸福很简单，它不在外界周遭，它就在每个人的内心。